動物溝通教我的事

目錄

主編序：期許成為最好的動物溝通師

在這幾年投入動物溝通領域的推廣與國際交流下，非常高興看見動物溝通領域從早年被少數人排斥，到近年來，已開始慢慢從被討論、轉變至今被多數人所接受！無論是從各大專院校、地方機構的邀請，或媒體採訪、影視劇本和許多民眾的認同反饋上，都感覺得到動物溝通領域正蓬勃的起飛發展，甚至在這波熱潮之下，台灣也開播了首次的動物溝通電視劇，可見動物溝通師已成為一項熱門的職業。身為亞洲動物溝通聯盟的我們，感到無比欣慰與喜悅，在共同推動動物溝通領域考核認證與課程的最大品牌過程，實屬不易，動物溝通行業在亞洲各地能被正確的認識與接受，需要感謝一路上所有的同仁，以及所有溝通師們共同的努力！

台灣的動物溝通關懷協會從初創到轉型，我們一直一路堅守推廣動物溝通領域、協助並成為動物溝通師們的後盾，而這成為我們努力不懈的初衷。從第一本協助溝通師們的「出書計畫」，至今第二本同樣延續上本的溫馨與感動，每位溝通師更共同一起集資出版本次的作品。目前台灣動物溝通中心（前台灣動物溝通關懷協會）也成立了最大的溝通師練習媒合平台【動物溝通體驗／免費／練習】（臉書社團），讓初學溝通師都能有最足夠的練習量，得以完善的提升溝通精確度；同時，亞洲動物溝通聯盟的合作，均能讓每一位考核通過的溝通師能長期在不同的國際單位被曝光與推廣，為所有通過考核的認證溝通師推廣溝通事業。我們在一路調整下，台灣動溝通中心現在已成為了台灣最大的動物溝通預約平台，上面除了有許多通過精準考核的動物溝通師服務民眾外，並提供溝通師專屬的個人網頁、民眾留言評分系統，以及每年免費更新個人網頁的服務。提供給溝通師的協助，同時也是我們希望能讓民眾能更安心的預約，民眾能清晰地知道每位溝通的來歷，以及能夠服務的溝通項目，彼此都能安心地進行動物溝通。

本書的作者群，皆為考核通過之溝通師，他們不僅資訊精確，在溝通的過程中非常用心傳遞動物們真實的心聲，在飼主的回饋和家庭互動的交織之下，各位讀者能從書籍的內容上看到他們投入與用心的過程。這些內容不僅僅只是故事而已，都是真實的案例，能感受到飼主家庭從溝通過程中對溝通師的信任，看見他們表達對毛孩的那份愛，裡頭動容的陪伴歷程，道出每一位家庭溫柔的心聲，每一篇都值得您靜下心細細閱讀。

如果您對動物溝通好奇，或是想了解學習的過程，我們想這本書能讓您輕鬆地更理解動物溝通的點點滴滴。溝通師們的這份用心與努力，會讓喜愛動物的您，就此展開另外一扇心靈世界的大門。

最後，深深的感謝本書優秀的作者群、飼主家庭和我們故事的每一位主角—毛孩們！因為他們深愛彼此，溝通師們才能在這傳遞的過程中，成就這本美麗的書籍。同時，也感謝這些年來照顧台灣動物溝通中心（前台灣動物溝通關懷協會）的每份信賴，我們會繼續努力，讓有意願的夥伴們一起為動物們傳遞心聲，讓飼主們更懂得如何愛他們的毛寶貝。

• 黃孟寅 台灣動物溝通關懷協會創會理事長、諮商心理師、諮商心理師督導

• 彭渤程 台灣動物溝通關懷協會認證講師、諮商心理師、美國 NGH、香港 HKGHP 、美國 ACHE 、加拿大 IOHCH 、英國 APHP 等協會催眠師、催眠講師

道別的時刻

WenWen

從小跟著狗狗貓咪成長，喜愛大自然，以及說走就走小旅行的動物溝通師。

相信動物們都有自己的習性想法，尊重生命，也愛跟旅行中碰到的良善動物朋友們打招呼，以及逗逗他們。

與花花的相遇，是一個難得的經驗，也讓我學習到更深層的生命課程，並用更多元且不同的視角看待世間一切的發生。

還記得當時會認識花花，是在某天晚上，友人突然聯繫我，表示有一位飼主的貓咪情況不太好，也帶去給獸醫看過了，現階段想要更了解貓咪的想法。剛好聽說了「動物溝通」，想要嘗試看看。

我就排了一下時間，以電話溝通的方式，就開始與花花第一次的接觸。

第一次接觸：堅強與堅定

接近約定的時間，我靜了下來，看著照片中明亮眼神的花花，感受到她其實年紀還很小，是個充滿好奇心的孩子，有著小女孩的性格，也有許多過去健康時在家裡衝來衝去的畫面，以及被會動的東西吸引，想要嘗試抓取，感覺得出來是個想要探索這個世界的年輕生命！而連結中，還不時傳來很大聲的喵喵叫，彷彿要告知自己的存在以及表達想法。

之前就已經知道這隻貓咪的狀況不太好，因此特別感受了貓咪當下的身體狀態，畫面出來是一隻側躺著的貓咪，甩著尾巴，傳達出頭暈暈的，有點想吐，偶爾還有喘息感，以及肚子的側邊會痛。

這時，我先跟飼主核對資訊。花花的飼主照片看起來是位美麗的女生，並有著甜美的聲音，叫做阿寶。阿寶說，花花的確是隻年輕的小貓，才剛養幾個月而已，被獸醫診斷得了貓咪腹膜炎。

我對阿寶說：「她雖然身體狀況不好，但跟我之前接觸過病重的年老寵物不太一樣，年老病重的寵物往往精神狀況很不好，但花花感覺精神狀態還不錯！」

阿寶：「對啊，花花總是睜著他的眼睛。雖然都躺著，可是總想要把頭抬起來看這周圍，而且一直喵喵叫。」

我回答：「是呀，感覺花花健康時也愛叫！現在因為不舒服，也不太明白自己的身體怎麼會變成這樣，因此也在喵喵叫。」

「是呀是呀，我們家花花叫聲好大聲。以前一回家就會在門口歡迎，健康時精力很旺盛呢！很愛衝來衝去的！」飼主笑著回答，在一來一往的核對中，也讓阿寶回想起以前相處開心的時光。

「我想了解一下，她在飲食上有特別需要什麼嗎？」飼主阿寶關心的問道。

我詢問了花花，得到的畫面有點像是水狀的食物，濕濕的，還有一個紫色袋子擠出吃的東西樣貌。阿寶表示，因為花花現在食慾不好，吃了會吐，所以特地把食物打成泥狀，讓她比較好吞食，而紫色的是營養膏。

「哇，你真的是一個用心的主人呢！花花想表達知道媽媽很辛苦，很謝謝媽媽！」花花特別請我這樣跟阿寶說，可以感受到她十分喜歡媽媽，也很感謝媽媽的付出。

「對了，花花說都跟媽媽睡（畫面顯示這個房間是木質地板），然後會被抱在懷裡，撫摸甚至親頭？」

阿寶像是回憶著的回答：「對呀，我的房間是木頭地板，我很愛抱著她，親親她的頭，她喜歡嗎？」

我笑著說：「這感覺十分享受喔，可以感覺到花花對媽媽的需求性是高的，很喜歡這種親暱的感覺呢！」隔著電話的我，彷彿可以感受到此時此刻花花與飼主之間愛的聯繫，一種很放心很舒服的流動。

就在這這時候，花花突然表達，希望我可以幫忙傳話給媽媽

「花花這孩子，可以感受到你的心情喔，她希望媽媽不要太難過了。」

其實此時是有飼主哭泣的畫面，而且可以很明顯的感受到，花花可以接收到媽媽的心情狀態，知道媽媽是很難過的……

阿寶聽到這裡已經語帶哽咽的說著：「臭阿花，怎麼這麼貼心可愛啊！」「我其實有時候抱著花花，不自覺地就開始哭起來了。」阿寶透漏其實獸醫十分不看好，甚至提出安樂死的建議。

我詢問了飼主的想法，阿寶表示，她不會放棄的！請我轉達花花，「媽媽會一直陪你走下去！」並請我問花花如果去醫院打針治療會不會舒服一些。

我回應著：「其實去醫院治療，花花最希望的還是媽媽都能全程陪在身邊，而且花花其實也是一隻有堅強意志力的貓咪呢！」

第一次的接觸，我可以感受到飼主與寵物之間，有很強烈的情感連結，也懷抱不願放棄且堅定的信念！結束溝通後，我也送了一些祝福鼓勵給花花與阿寶，並盼望著奇蹟出現。

第二次接觸：依賴與努力

就這樣過了一個多月，在一個周六的午後，突然收到阿寶的訊息，表示花花一直哀號。她不知道該怎麼辦，雖然該看的醫生都還是有繼續看，但想請我詢問看看是否有什麼需求。而因為之前已經與花花接觸過了，這次主要想了解花花目前的狀況，便在周末安排了一些時間，找空檔進行溝通。

第二次的接觸，感受到花花精神狀態雖然是清醒的，但身體更不舒服，頭痛情況也加重，喘的也比較厲害，而我甚至還看到了抽搐的畫面。

心裡有了底之後，開始與飼主阿寶核對目前的狀態。

「花花這陣子是不是身體狀況又變嚴重了？似乎變得更喘了。」

阿寶憂心地回答道：「對啊，而且她幾乎吃不太下東西，整天都在哀號，叫得我好難過，想知道她是不是很痛苦……」

我描述了當下收到的身體訊息，也詢問是否有抽搐的狀況。

阿寶回答的確有這情況，而她也盡力看有什麼辦法可以讓花花舒服點……但獸醫則表示這病況只會越來越糟，甚至慢慢許多器官都會受到影響。

我也感受到花花因為身體越來越不舒服的因素，依賴性變得更高。希望媽媽可以一直陪在自己身邊。

阿寶表示現在只要離開花花的視線，哀號聲就會變大……

這情形其實就像小孩子生病一樣，因為無法完整的表達自己，只能用哭鬧來表示，而且往往更需要父母的關注，並且想要隨時黏在父母身邊。

實際上阿寶只要有空閒時間，幾乎都陪伴在花花的身邊，而感受到電話那頭飼主的焦慮以及不捨的心情，我好好的跟花花溝通並且解釋因為媽媽還得出門上班工作（盡量轉化為貓咪聽得懂的方式，像是才有辦法提供吃的東西，以及住的地方等），所以無法隨時隨地的陪伴在身邊，但媽媽還是很關心很愛她的！

我詢問花花，有什麼什麼特別想說的？「幫我跟媽媽說，我真的很愛她喔！」

此時花花最想表達的，不是身體有多不舒服，而是想要讓主人知道自己對她的感情。阿寶聽到這邊也笑著說，這臭阿花也太可愛了。

我想這就像大部分的家長一樣，照顧生病的孩子們就算再辛苦，但聽到童言童語的一句媽媽／爸爸我愛你，就心頭暖暖的心甘情願。

而由於貓咪這陣子的情況不太好，因此飼主想請我詢問花花，是否想要安樂死？

我想了想，嘗試用著貓咪可以理解的方式溝通。

「花花，如果你真的很不舒服的話，有方式可以讓你不再痛苦，但是就會永遠睡著不會醒來了……」

「那這樣我還見得到媽媽嗎？」花花問著。

「到時候你會離開現在這個身體，不會是現在的情況，媽媽也無法見到你了。」對於未知的世界，我也無法回答得太多，只能盡量溝通過程中讓貓咪理解什麼是死亡。

「我……不知道……但我相信媽媽，我相信她為我做的任何決定！」花花堅定地說出相信媽媽！對媽媽有著穩穩的信任感！

這次的溝通時間沒有很久，主要是核對一下花花目前的身體感受以及心理狀況。我跟之前一樣給了花花一些祝福，希望可以緩和她身體上的病痛，也提醒飼主別累壞了，也要記得好好照顧自己。

第二次的溝通接觸，依舊可以感受到飼主與寵物之間的情感流動，依賴與信賴，而飼主阿寶還是說著，會繼續努力！

第三次接觸：道別

然而第三次的溝通，來得特別快，這次只間隔一星期。

就在一個星期後的周六早上，我收到了一個訊息。

「可以再麻煩你嗎……我想是時候了……但是，我不知道該如何跟她說……」

我看著訊息，回想著前兩次的溝通，我想，一直努力著的飼主會這樣說，一定是有她的理由吧！但因為我當天要出門一整天，因此先約了隔天早上，並請飼主先跟貓咪說說話，把想說的話都好好的說一說……

隔天早上連結到花花的狀態，頭部強烈的不適感席捲而來，伴隨著呼吸不穩、急促喘氣，這次花花讓我很直接地接收她的身體狀態，可以明顯感受到她其實真的很不舒服……阿寶訴說著這段期間看著花花狀況越來越差，看著她無法進食，痛苦的樣子真的很難受……

「花花其實是一個意志堅強的孩子，一直在撐著。」我如實回答花花的想法。

在這段溝通過程中，阿寶陪伴著花花，摸著她。還很年輕的花花，其實還不太懂身體到底怎麼了，怎麼無法像以前那樣健康的狀態……

而我則是安撫與解釋，並告知花花，媽媽已經準備好了，如果很不舒服很累的話，就好好休息吧，不用再撐了……

其實花花的病情在很早以前剛確診時，就已經被獸醫判死刑了。只是阿寶有著滿滿的愛以及堅持不放棄下，付出許多時間與心力來好好照顧，定期去醫院治療，也多了一些時間來相處。

「花花，馬麻真的很愛你喔，她要我跟你說不會忘記你的！」

「姊姊，謝謝你，請跟媽媽說我也很愛她！」

在這段陪伴過程中，我默默地陪伴著飼主與寵物，感受著彼此間情感的交流，陪著他們好好的道別……

此時的阿寶已經泣不成聲，就算做好心理準備，但別離的時候還是會不捨……

「媽媽，請不要難過……」貼心的阿寶感受到媽媽的情緒，安慰著……

電話這頭的我也一起紅了眼眶，陪伴著流眼淚，與花花第三次溝通接觸，有著離別的不捨以及滿滿的愛……

後記

花花後來去當小天使了，在這段過程中，我看到一個年輕小生命對於世界還充滿著想探索的好奇心，雖然生病了還是努力撐著！也看到了一個堅強的飼主，用愛想辦法在能力範圍內盡最大的照顧。雖然最後還是寫下了結局，但當時彼此的努力與相處的回憶，以及好好的道別，至少心理的遺憾會少一點……

身為動物溝通師，對於動物與飼主來說，我想這除了是醫學上的治療外，也算是一種心理的療癒吧！

最後的陪伴

在動物溝通生涯中，除了像花花那樣年輕的生命外，也會碰到一些病重或是年老的寵物。

有時候年老的寵物常常是陪主人長大的玩伴，雖然精神與身體狀態不佳，但常常都會出現許多年輕時期的畫面，並勾起飼主們的回憶。我記得有一次的溝通，寵物是一隻年老的黃金獵犬，其中有一個畫面是需要主人抱起來行動。但是很希望我能幫忙表達：「我在努力了！」

我在溝通過程中除了核對生活內容以及身體狀況外，告知這段狗狗想轉達的話後，飼主彷彿也得到了肯定與激勵。因為狗狗現在年紀大了，腿部比較無力，但畢竟是陪伴多年的朋友，就算工作再忙碌，還是想要盡一份心力。而這句話就像是兩個老友一樣，繼續一起努力一起扶持！

此外，也曾經接觸過年老身體不好的貓咪，小米。以家庭成員來說，請我幫忙溝通的算是姊姊，記得第一次連線時，因為小米是一隻很有個性的貓，有時候酷酷的，不多話，想摸的時候還會作勢要咬一口，但有時候又會自己跑來撒嬌，貓咪傲嬌的個性非常適合用在小米身上啊！而且常常有一些讓飼主無言傻笑的回應，覺得說：對啊！這就是我們家小米！但在溝通過程中，還是可以感受到小米對家人的關心，像是關心媽媽的手之前受傷，還有每天進去姊姊房間「巡視」看看在做什麼的畫面。姊姊在畫面中的感覺就都是笑笑的，感覺溫柔的樣子。（雖然姊姊說那是因為被小米吃定了吧！）

後來時間過了大約快一年，飼主跟我提到小米的身體狀況真的很不好，主要是高齡化的關係，一堆器官都退化生病，前陣子也剛出院，而且瘦到只剩下骨頭……本來當天我們要另外約時間進行溝通，結果到了晚上，姊姊很難過的說小米快不行了，希望他能走得安穩。我剛好晚上有空檔，就直接進行溝通，過程中感覺貓咪有點喘，接著有畫面是姐姐穿著睡衣在旁邊哭的畫面，當時已經很虛弱的小米希望我轉達，他有點擔心姐姐，一直在哭……

我轉達了小米的話，姊姊說其實她知道要好好陪伴送走小米，但她就是忍不住，而且其中一度她因為哭得太大聲，小米都沒力氣了，還抬起頭來看看自己。過程中小米也分享一些還健康時跟家人互動的畫面，我也一一跟飼主核對轉達，並跟小米說姊姊跟家人都很愛他，也很感激他來到這個家庭，累了的話就好好休息吧！而小米也接收到了，並表示很喜歡主人靠在身邊，被摸著的感覺，有感受到愛！最後因為時間也晚了，我請姊姊可以再去跟小米說說話，他都可以接收到的。我也用我自己的方式，送一些祝福給小米，讓他離開的時候可以舒服點。

到了早上，飼主跟我說小米去當小天使了……雖然還是難過，但至少昨晚有好好的道別，在彼此滿滿的愛中，我相信小米也是帶著愛離開的。

有關道別的課題，我們大家都還在學習，尤其寵物們的壽命往往也比人類短，幾乎只要是家裡有毛寶貝的都會面臨到。就算心裡做好了準備，但那一刻真的到來時，還是會不捨，會難過……此時好好的陪伴，釋出關懷的語氣、眼神，以及真誠的情感，好好感受彼此之間愛的流動。或許以往的相處時光有歡笑，也有調皮搗蛋的時刻，但我想毛寶貝們都還是很愛自家主人的，而且也會接收到這些愛的訊息。祝福大家，能夠跟自家毛寶貝們擁有更多美好的相處時光與回憶！

陳秀梈

「亞洲動物溝通師聯合認證」動物溝通師

我是一個喜愛小動物和探索稀奇古怪事物的美術老師，與動物相伴 40 年的經驗，擁有一雙巧手，能在畫紙和不同媒材上創作，近期研究靈性手作與能量小物。

梈手作 -Orgonite。奧剛

https://www.facebook.com/TingOrgonite/

今年（二〇一八年）春天的某一天收到大學學妹涵傳來的訊息：「我的貓——喀滋目前命在旦夕，醫生曾建議昨日為他打針讓他舒服離去，我內心是萬分不捨！回到家後他非常認真努力吃東西，我們希望一起努力到最後一刻，同時了解他的心願，所以，急於與您預約，期待在最後一刻了解他的感受。」由於那一陣子因為一些個人因素，動物溝通暫停了一段時間，但面對即將離世的毛孩，實在於心不忍，於是還是答應了。

梅姬颱風的禮物

在過往的溝通經驗中，飼主除了想知道寵物的心聲，有時也會有寵物行為上或是健康上的相關問題，而我自己也養了許多貓咪，身為飼主的自己，也有相同的需求。我曾經在梅姬颱風天的大馬路上，撿到一隻重傷的小貓，當時緊急帶去看獸醫，醫生查看了從肚皮劃到大小腿的嚴重傷口，因浸泡雨水導致的潰爛腐臭，直接宣判了無法醫治，在X光片下解說著即便僥倖活下來，被病菌吃掉的尾椎也可能導致癱瘓或不良於行……，我哭著告訴醫生，請您試試看，給貓咪一個活下來的機會。後來這隻貓前後動了好幾次手術，最後存活下來了，成為家中的一份子。在一次回診中，醫生笑著說：「到底是貓厲害還是你厲害？」我回答醫生說：「是醫生厲害！」其實醫生的讚美來自於我細心的呵護與照顧，但醫生並不知道這奇蹟的創造是醫生的用心醫療之外，我也施了點小魔法悄悄的協助著，我將我製作的Orgonite（奧剛）陪伴小貓，每日為小貓進行祈禱與祝福，觀想小貓健康的樣子，而小貓最終活下來了，雙腳有力、活潑好動，回饋了我所堅信的「信念創造實相」。

除了動物溝通

於是，我思考著，除了動物溝通傳遞寵物的心聲，是否還有可能提供其他的協助？而在溝通過程中為動物進行身體掃描來感知動物的身體狀況，若是發現了不適，我還能為他們做些什麼呢？起了這樣的念頭後，當時正逢我手邊有好幾個自己做的靈擺在把玩爬文研究中，無意間認識了靈擺療法，原來我平時玩耍製作的靈性手作也可以進行能量療癒，這不就是我正在尋找的協助啊！於是，在答應為喀滋進行溝通的同時，我也主動詢問飼主，是否願意讓我為貓咪進行我這段期間研究的靈擺療法，飼主也非常感謝的同意了。因此，請學妹涵提供近期照片、貓咪的名字和想問的問題之後，挑選了隔天沒有工作的閒暇時刻進行溝通。

我未曾與重病且即將離世的動物進行溝通過，為了能夠很順利的長時間進行溝通，因此，當天除了睡足吃飽之外，還將平時進行溝通的坐位旁，安置許多水晶、Orgonite、精油噴霧、燃香和噴花精……，將身邊能夠協助的寶物們，全部一起派上用場，期望在這一次的溝通，能夠接收到精準又多量的訊息。

人間美味的小魚乾

我喜歡在進入靜心後，鋪成美麗又有春天氣息的草地美景後，再邀請小動物進入我的溝通世界，這一天我依然以這樣的美景邀請喀滋，他是一隻非常美麗的英國短毛藍貓，優雅的浮現在與我一起的草地上，在那畫面中我感受到喀滋的美麗中帶有一點個性和俐落感，還有一點點傲嬌，於是，面對感覺不太容易親近的喀滋，我向他慎重的自我介紹後，邀請喀滋分享他的期望與他的故事，我承諾會將他的期望傳遞給飼主，希望喀滋能因此敞開心房與我交心。

真誠的心意總是最好的開場，喀滋馬上浮現伸手討魚乾的畫面給我，他說：「我超愛小魚乾的腥味，但是，主人說因為我身體不好，不能吃太鹹，所以偶爾只能給我吃一點點，我真的很懷念小魚乾的味道，簡直是人間美味，但那已經是很久很久以前吃的記憶了，是脆脆的口感。」此時我眼前的畫面浮現了跟杏仁碎片放在一起的那種小魚乾。

我能感受到喀滋有多麼懷念，所以，描述得如此冗長與清晰，深怕我不明白他的人間美味到底是何物！喀滋說他好喜歡人類的食物，倒是貓罐頭沒那麼吸引他。關於食物的話題，我們就聊了許久，在生命的末期，能夠再次吃到懷念的好味道，確實是一件美好的事情。

我愛 baby 不遺棄的心願

食物話題讓喀滋打開心房了，彷彿也明白透過我可以傳遞心聲給主人，於是變得很愛聊天。喀滋描述他很愛飼主生的小 baby，會有點距離的坐著看

baby，他說保持距離是對baby的一種保護，他明白baby是涵的掌上明珠，所以，喀滋也很想好好保護涵的小孩。跟涵確認時，她說：「喀滋真的都離baby很遠，原本以為喀滋不喜歡小嬰兒，沒想到竟然是因為如此體貼的原因。」

這樣充滿愛意的畫面，後來切換到了一個軟綿綿很舒服的黃綠色系軟墊，喀滋非常舒服的躺在軟墊上，喜歡這樣被包覆的感覺。跟涵確認時，因為那軟墊是baby專屬的椅子，看來喀滋很喜歡也羨慕著baby擁有的新椅子和被呵護的感覺。

喀滋是一隻美麗的藍貓，這樣的貓咪應該過得很幸福才對，於是我好奇的問喀滋，如何與學妹涵相遇的。溝通畫面中浮現了在車水馬龍的街景，喀滋裝在一個籠子裡，由一個年輕男子手上轉交到學妹手上，這畫面像是在敘述喀滋換主人的過程，於是我詢問喀滋：「那個年輕男子是你的前主人嗎？為何要將你送人？」於是，浮現了年輕情侶在某個室內空間爭執大吵的畫面──這讓我好揪心──原來美麗的喀滋是在前飼主分手後，對於喀滋的感情也隨之消逝了，於是喀滋就被送養了，這樣被遺棄的打擊深深烙印在喀滋的心裡，即便到新主人家，依然存在著。

學妹涵提的問題中有一個：「最後這段時間有沒有什麼夢想想實現呢？我們能為你做什麼呢？」

喀滋回答：「好好照顧baby……不離不棄……陪伴……不遺棄……被愛包圍的健康長大……」

雖然是短短的幾句話，反覆中充滿了悲傷感，喀滋傳遞了他被遺棄的過往，甚至在他的內心認為涵遺棄了他，將他「轉送」給台北的家人。在喀滋心裡，涵才是他心目中的人類媽媽，但不能明白為何他無法與涵住在一起，這樣的分離對喀滋而言是被「送養」，所以感到又再一次被遺棄的悲傷，在溝通當時我並不了解喀滋的實際居住狀況，只能用邏輯判斷這當中可能有什麼誤會，於是試著解釋涵的忙碌與不得已，而台北的家人都是共同的照顧者，沒有遺棄這回事啊！

喀滋抱怨說著：「照顧我的台北爸爸媽媽不陪我玩，尤其是媽媽總是抱著另外一隻貓咪~咩咩，因為咩咩很會撒嬌，雖然我很羨慕，但是我很驕傲，不屑這樣的撒嬌。」

我接著問：「爸爸呢？爸爸疼你嗎？」

喀滋：「雖然爸爸跟我是同一國，但是我比較喜歡女生，爸爸有男人的味道，聞起來不舒服，我也不喜歡爸爸抱我，因為爸爸的身體硬硬的我不喜歡，媽媽抱比較柔軟舒服……。」

在進行確認時才明白，由於住台中的學妹涵因為讀書和工作的關係，後來將喀滋轉交給住在台北的爸爸媽媽長期照顧，所以，涵在面對喀滋的時候都是自稱大姐姐，但，喀滋在溝通時傳遞的畫面多數是與涵相處的畫面，而且喀滋還糾正我：「涵才是『媽媽』，台北的爸爸媽媽只是照顧我的人。」可見得涵在喀滋心目中的地位是最重要的人，因此，才會傳遞的訊息與畫面多數是與涵有關的。

▲喀滋與家人的合影

身體掃描、祈禱與祝福

在為喀滋進行身體掃描時，感受到泌尿系統、內臟，尤其腎臟的病痛感，身體也呈現半透明、分散和霧化的不明確形像感，雖然在溝通前已得知喀滋有重病，但沒想到接收到的訊息是這般的讓我感到凝重。

我問喀滋：「生病會讓你不舒服嗎？」

喀滋回答：「我覺得很累，沒有力氣，以前我很愛玩逗貓棒，但是我現在老了，只能躺著，偶爾翻身吃手手和理毛……」

雖然喀滋淡淡的敘述著，並沒有表達很明顯的疼痛或是不舒服，但我想喀滋整體的身體機能已處於嚴重衰退狀況，加上為喀滋進行身體掃描時的不明確形像感，我已然明白喀滋可能不久將離世而感到難過。

我告訴喀滋：「姐姐每一次溝通結束前，都會呼請宇宙傳送愛與光來祝福與我交心的小動物，我很喜歡喀滋，姐姐為你進行更棒的祝福好嗎？」

喀滋開心的答應了！於是在溝通結束前，我為喀滋進行了靈擺療法，期望透過這樣的祈禱與祝福，能對喀滋有些許幫助。

透過溝通我理解了涵將面對喀滋重病離世的悲傷，我也曾因相伴十幾年的狗兒離世，有很長的一段時間無法放下悲傷與思念，在好幾年之後，才因為明白了一些道理才放下，所以，在進行確認時，除了傳達喀滋的心聲之外，我也告訴涵，飼主的擔憂與執念會牽絆著寵物，無助於此時的病，未來也無助於喀滋離世後的靈魂，面對重病的寵物最好的禮物是祈禱與祝福，將這樣的心念注入在與喀滋的相處。

學妹涵在聽到過來人的經驗分享後，似乎也較能不陷入沉重的悲傷感，後來還回想起手邊有一個，從大學教授那裡得到的 Orgonite 金字塔（這是我自製的 Orgonite，以前贈送給年事已高的大學姜教授，後來教授將其中一個送給當時擔任助理的學妹涵），於是我教涵植入祝福的心念於 Orgonite 中，陪伴著喀滋，將悲傷轉化為祝福的心念，期望飼主與寵物都能從中得到安穩與平靜。

再次溝通與凝重的提問

事隔一週後的早晨，接到學妹涵的來電：「由於這段期間在治療過程中，醫生有述說，我們人類無法想像喀滋正在承受多大的病痛折磨，所以仍建議安樂死。」醫生的強烈建議讓涵希望我能透過溝通，來詢問喀滋是否同意安樂死，家人們想把喀滋的骨灰放在自家的陽台花盆中，不知道他願不願意？

接到這通電話我的心感到好沉重，畢竟是否認同安樂死在我自己心中，

▲喀滋和 Orgonite(奧剛)

都還沒有理出一個肯定的答案，我遲疑了一下後嘆氣的回答：「我從來沒有問過動物這樣的問題，我試試看！至於骨灰放在家裡我個人不太建議，請提供其他的後事處理方案。」涵還整理了每一位家人想對喀滋說的離別話，請我一併轉達，在這些文字裡充滿著家人的愛與感謝。

這一次的溝通開場白，就以逐字傳達每一位家人想說的話給喀滋，也逐一記錄下喀滋的回應，我非常細膩又專注的去接收著，因為這段對話很可能是與家人最後的對話……。

喀滋還清晰的傳遞著：「我很好、平靜、喜悅、滿足，已經說了無憾，別難過。生病與死亡是必經過程我能明白的。我是幸福快樂的貓，沒什麼好奢求的了，請家人們勿再傷心。」

上一次的溝通，我只記錄到咯滋的累和無力感，所以，醫生的描述和咯滋的溝通顯得有些許落差，於是，我再一次問咯滋：「會感到疼痛嗎？醫生說你會很痛，為何你沒傳遞給我痛感？」

咯滋說：「我是勇敢的貓不怕痛，男子漢可以忍耐所以不說痛！也不想讓姐姐接收到我的疼痛……」

這回答讓人感到好心疼啊！原來咯滋十分的勇敢與貼心，不願意表達出他的疼痛感，也不願意讓我接收到那樣令人不舒服的疼痛。（確實在與動物溝通過程中，有時會跟著動物的情緒、體感連動著，自己也會產生相同的體感。）

我必須了解咯滋的不舒服是處於什麼樣的狀態，才能提供給涵判斷，所以，再一次請咯滋讓我明白那是怎樣的感覺，後來接收到的是尿尿的地方不舒服、肚子位置有腫脹感和想嘔吐等等不適的感覺……，接收到這些訊息後，我的心糾結著落淚了，感傷著這樣面對病痛和忍耐，而不知道該如何開口詢問喀滋關於安樂死的部分……

就在我處於流淚不知該如何繼續進行的情況下，出現了喀滋伸手的畫面，觸摸著我的臉龐，那樣清晰伸手拭淚的觸感，彷彿就在眼前一般的真實，喀滋對我說著：「姐姐也勿傷心，眼淚很珍貴的。」一面對勇敢又貼心的喀滋，我深吸了幾口氣緩了緩情緒之後，我很慎重的描述安樂死就是打了一針後就會像睡著般的離開，從此不會再感到疼痛，並且詢問喀滋是否同意進行安樂死？喀滋很強調他是一隻非常能夠忍耐的貓，但是，他也不想讓家人很傷心的看他痛苦的樣子，所以，他會願意接受安樂死。

由於將喀滋的骨灰放在自家陽台花盆中的方式，在我個人不建議的情況下，涵後來與家人討論改決定以土葬的方式，讓喀滋可以長眠在老家後院的農地，那農地上有大片的草、有樹還有小水池，是一個貓咪會喜歡的自然環境……，我這樣描述著，並且將農地的照片景色傳遞給喀滋。喀滋毫不猶豫

的答應了，他喜歡，他想待在這兒。喀滋歡喜般的回答成為了這一次溝通最圓滿的結束。

你值得被紀錄！

將溝通內容完整的表達給涵後，我沒有詢問最後是否讓喀滋接受了安樂死，我沒有勇氣也不想去面對。後來喀滋的勇敢似乎也讓主人更堅強的面對喀滋的重病，涵最後選擇了繼續陪伴。有時還會在涵的臉書上看到分享喀滋的照片。在後續追蹤喀滋狀況的期間，除了數次的靈擺療法，我還將近期探索的甘斯（Gans）製作成不同形式的陪伴品，融入我滿滿的祝福寄給了喀滋使用，希望這樣小小的心意能給予勇敢的喀滋一點支持的力量。

年底接到涵的來訊，涵陳述著喀滋已整整多活了八個月，醫生說這是奇蹟！但由於喀滋已全身尿毒，以至身體狀況不佳，希望能再為喀滋進行一次溝通，傳遞家人的話語。在這一次的溝通進行中，喀滋對我說的第一句話：「我等你好久了，怎麼這麼久才來看我……」然後，再次伸手為我拭淚，並說著：「你們女人怎麼都這麼愛哭！生病的我都沒這樣，再繼續哭，我會擔心的！」原來喀滋還記得我，也依然勇敢堅強！他已清楚自己的身體狀況，內心也很安穩平靜，喀滋如此淡然面對生死的態度，讓我也放下了心中的悲傷，仔細的逐一傳遞家人的話與喀滋的回應，我還告訴喀滋：「你的故事未來會成為我參與溝通師們，合作的第二本溝通書的故事主角之一。」喀滋驕傲的說著：「我值得被記錄下來！」

死亡不是生命的結束，而是一種生命形式的轉換，家人們也要學會勇敢，

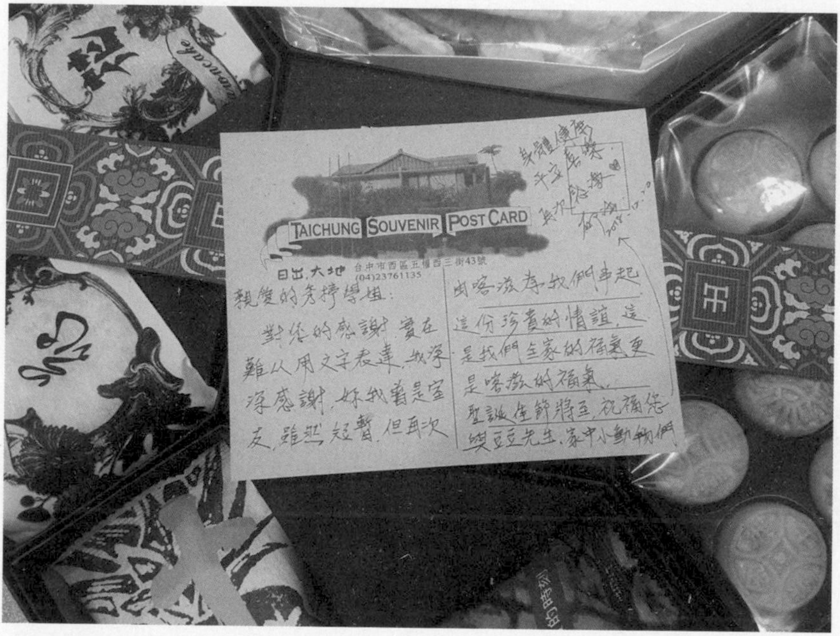

▲飼主涵寄來的信與感謝禮

莫讓悲傷與執念成為牽絆，要把面對毛孩子離世的悲傷轉換成祝福的力量，成為一種實質的幫助！謝謝咯滋，你值得被紀錄！如此勇敢又堅強，無條件的愛著家人。

名詞釋義：

1 靈擺療法：使用靈擺來進行一般人所稱的「能量療癒」或「靈性療癒」。

2 Orgonite(奧剛能量塔)：是一種近代發明的能量工具，中文譯為「生命能轉化器」或是「乙太能量轉化器」。它能將負面能量DOR(代表死寂)轉換成正面能量POR(代表活力)，維持健康和諧的能量狀態。

3 甘斯(Gans)，是伊朗核子物理科學家凱史(M.T.Keshe)所發表的針對傳統物質的一種新存在狀態的認識，即氣態(Gas)分子在奈米(Nano)水準上以固態(Solid)呈現的奈米態，取三個英文詞彙首字母組成 Gans 用詞。各種甘斯具有獨特的超導性和等離子體能量，能夠從環境中吸收和釋放符合自身性質的能量。

永遠的分別，卻是永藏於心的陪伴

陳柔穎 (Chen Rou-Ying)

與生俱來敏銳的心輪力量，溫暖安心的特質，協助探索情緒、關係與人生議題，找到生命的希望與曙光，藉由自身生命體悟，內在神性的開啟，多年身心靈的修持服務，陪伴當事人更清楚的對焦，找尋心靈的力量。

Delaware Education Institute-Animal Communicator 寵物溝通師、加拿大 IOHCH 國際人文催眠治療學院、美國 NGH 催眠治療協會催眠師、Magnified Healing 擴大療癒一、二階。

寵物溝通線上接案兩年經驗、萊德偉特塔羅牌教學講師、自然療法師證照班講師、樹樂集長期駐點占卜師、樹心學堂兒童動態靜心講師、成人動態靜心工作坊帶領者、內在覺察結合繪畫工作坊帶領者、天使傳訊工作坊帶領者、內在小孩療癒工作坊帶領者、親子、兩性溝通會談、靈性催眠會談。

夢醒時分，一切自有安排

這是一個令我非常難忘的、也很獨特的一次溝通經驗，透過這次的溝通，我對於動物的靈魂與智慧，有著更深的反思，也看見了即便是一個毛孩的靈魂，也能透過學習與薰陶，達到與人類的靈體有著相同的學習經驗，加深了我實踐萬物皆平等的理念的意願。

故事是這樣發生的，依稀記得是在凌晨時分的睡夢中，昏昏醒醒的我，感覺眼前有一隻金黃色的小狗出現在我的夢境裡，當下的我並不以為意。手機那頭傳來了訊息，同為身心靈工作者的老友告知我，有位飼主期盼與離世的毛小孩進行溝通，而這飼主恰巧是我曾合作過「內在小孩工作坊」畫家的大學同學，輾轉知道我能與寵物溝通的訊息，而透過這位老友與我聯繫。

在當下突然閃過睡夢中，那一隻望著我的金黃色臘腸犬，它有著很柔順的毛髮，彷彿是一個優雅的小小紳士，那時我直覺地與我朋友核對著：「對方離世的狗狗是不是一隻小型犬，帶有咖啡金的毛髮？」他說對啊，原來狗狗先去找你了啊！

道別的開始

Jumbo 為這次寵物溝通中，已故的天使狗狗；兩位飼主分別為插畫家阿爸、電影工作者爸爸。與飼主進行事前溝通時，電話那頭我彷彿能夠感覺到，已故的毛孩好像無形當中正牽起這條線。當時插畫家阿爸說儘管沒有見過面，只是聽起大學同學聊過，但他起了個念頭：「想要認識柔穎！」阿爸回應了我。僅僅是用電話聊了幾分鐘，彷彿我就能知道他是個什麼樣的人。而我們確認了溝通的時間、也請他耐心等候，轉眼間時間來到了相約的時刻，地點是在士林的某一家茶藝館。

我緩緩的坐了下來，服務人員為我沏了杯茶，看著兩位飼主隱隱期盼的雙眼，我深深的吸了幾口氣，帶著我的心不疾不徐、沉靜下來，彷彿這個當下我只能感受到眼前的飼主與 Jumbo 的狀態，並開始專注地進行溝通。

我先與飼主核對著 Jumbo 的特質：「他是一個開朗的孩子，但他的個性不主動接近對方，會與對方保持距離，對嗎？」插畫家阿爸說著：「是的，樓下的管理員跟打掃的阿北，要抱他都好難，他會跟他們保持一步的距離，要摸到他你得再走靠近一步才行。」我接著說：「隱約能感知到 Jumbo 是非常優雅、愛乾淨的，有時也能看見他會穿著不一樣的衣服、替換著不同的領巾，能感覺到他其實蠻喜歡的。」阿爸核對著說：「對，有時候我們會給他角色扮演，有時扮演小紳士，也曾經給他戴過帽子，任何覺得有趣或帥氣的裝扮，我們都會盡可能的讓他去嘗試。」我開始詢問飼主這當下最想與 Jumbo 溝通的是什麼？

難以割捨的離別

插畫家阿爸問著：「Jumbo 去哪裡了？」

我回應他，我感知此時的 Jumbo 呈現的形體像一個金色的光球體：「有些事情還需要等待，Jumbo 也不確定他要做的選擇，他還在考慮中。」阿爸核對著：「沒錯，包含之前所找的溝通師與較親近的朋友，都看見 Jumbo 回來的樣子就如一顆金黃色的光球。」

插畫家阿爸繼續問著：「Jumbo 有幫我或另一個阿爸擋什麼不好的事嗎？」

我回應著：「千萬不要這麼想，世界上沒有誰可以替代或是交換命運，一切都自有安排，兩位阿爸不需要感到愧疚，Jumbo 也不希望阿爸們還浸泡在傷痛的情緒裡，因為他在前往離開的過程當中，一直深感到兩位阿爸的那份傷心跟無法割捨，所以他用盡了很多方法、甚至來回讓阿爸身邊的許多朋友在夢裡與他們相會，盡可能地傳遞訊息，要讓你們知道接受這份分離，更要再帶自己繼續前進。」

插畫家阿爸又問著：「放在家裡的飼料，我特地做的兒童餐，他有來吃嗎？」

我回應著：「Jumbo 已經轉化到另一個世界，不用拘泥於任何形式，你的每一份用心，他其實都知道。Jumbo 要我傳遞著，如果做這些會讓阿爸的心情好過，阿爸可以繼續做，直到你們真的放下。」

此時 Jumbo 要我傳遞說：「過了十幾天，阿爸們還是沒有放下、每天都偷偷的哭著，甚至都影響了工作，你看看他們兩個呀！」兩位阿爸對望說著：「怎麼可能這麼快放下啊！兔崽子。」

Jumbo 請我轉敘，要阿爸們可以慢慢收拾、打包他過去的一切用品了，「雖然對電影工作者爸爸來說是一種慰藉，就彷彿我從未離開；但我知道插畫家阿爸每次看見這些物品都會哭得很傷心，希望阿爸們在整理的過程中，也能慢慢地適應沒有我的日子。」

所有的相遇都是久別的重逢

Jumbo 和我說著：「陪伴在兩個阿爸身邊，他發現到兩個阿爸很不一樣的特質，他最喜歡跟電影工作者爸爸玩，爸爸就像個孩子，怎麼跟他打鬧他都無所謂，總是能玩得開心自在，每一天都好期待他下班回家。」

此時他說到另一位插畫家阿爸，他好感謝阿爸，無論是生活上任何的照顧、總是無比的細心與體貼，但也因為一直都伴在阿爸的身邊，朝夕相處下他更能感受到阿爸的每一份心情，也隱隱約約感覺到插畫家阿爸內心有著某些創傷。

Jumbo 說著：「期待有一天阿爸能夠面對小時候的傷痛、走出低谷，成為更棒、更好的人。」他很慎重的提醒阿爸：「要面對過去的生命、再次向前走！」因為在他快離開的那段日子，他發現阿爸的一切創作都停滯了，一整年當中阿爸沒有為自己提筆、創作出完整作品。插畫家阿爸喃喃自語、頻頻點頭著說：「沒想到，原來我生活裡有個督導，他真的都知道，我因為照顧他再也沒有認真畫畫。」

我補充 Jumbo 的心意：「但 Jumbo 絕對不是因為這樣而離開你們，他本來的生命就到這裡，希望你們都要繼續前進，有機會的話要畫一本與他以及旅行有關的作品，帶著他一起環遊世界！」插畫家阿爸驚訝地看著我，這是他心裡正在規劃，也還未跟任何人談述的計畫，收到了這個訊息，他更加篤定，無論是為自己還是為 Jumbo，他都更想完成這件事！

Jumbo 說著他與電影工作者爸爸的相遇與收養過程：「所有的相遇都是久別的重逢，爸爸一眼就認出我、把我帶回家。」爸爸紅著眼眶說著：「沒錯，這句話是我前兩天寫在個人日誌裡的一句話，而我與 Jumbo 的相見就在一眼瞬間，我不假思索地選擇了他，他也就走進了我們兩個人的生命。」

此時的我深感訝異，這隻狗狗竟然能傳遞如此有深度的語言，我說他似乎與我曾溝通過的毛孩有很大的不同，他的用詞跟人好貼近，此刻的我才知道飼主本身是一位電影從業人員，有時因工作需要，一天得看上好幾部電影，而 Jumbo 常常伴隨在他身邊一起看電影。另外一位是畫兒童繪本的插畫家，他也表述著長時間與 Jumbo 相處中，他偶時也會唸童書、故事書給他聽。

此時我才明白，原來 Jumbo 能有這麼多的文學氣質，是在兩位阿爸陪伴的過程中有了這些文學薰陶。

我們能給他最有力的祝福，就是不成為他的罣礙

電影工作者爸爸渴望的詢問著，未來他們還有機會相遇嗎？

Jumbo 請我轉敘：「他要我們知道，無論未來能否再見，電影工作者爸爸也一定能一眼就認出我，我可能是個人、是隻鳥、又或者是另一隻狗，未來你一定會再次認出我的！」而目前的 Jumbo 會往他該去的另一個空間前進，那是個會帶著他再一次等待重生的空間。

在整個溝通的過程中，我邀請兩位阿爸好好的跟 Jumbo 告別，不去拘泥於 Jumbo 的肉身，而是用祝福與愛深深的送別他。讓 Jumbo 可以專注在自己轉化的過程，在這宇宙的一切，所有的思想與意念，都會產生一條無形的線，一個震盪的頻率，無論彼此的愛有多遠的距離，在任何一個次元與空間，那

份心有靈犀的感受，都能彼此傳遞著。而此時的 Jumbo 最需要的是沒有罣礙的往下一個方向前進，而我們能給他最有力的祝福，就是不成為他的罣礙。

在這場溝通後的幾個月，插畫家阿爸給了我一些回饋，還有一些生命的近況與歷程，他說：「我好謝謝你，Jumbo！」

Jumbo 離開世界的第一一七天，他就像去旅行，又或者回家了。這段時間，阿爸們的心情時好時壞，但隨著時間而過似乎變得更好一些。Jumbo 彷佛都知道阿爸們的心情變化。可惜我因為後來四個月的工作變得忙碌，突然接到很多合作而耽擱了記錄這場對話。

萬物皆有靈，時時懷抱恭敬與感謝

「在寵物溝通的來往過程中，柔穎相當和善且溫暖，解答了我們好多疑問。對談間你可以感覺到她是個充滿靈性的人，對話內容跟其他溝通師很不同，敘事角度也不一樣。」感謝兩位阿爸給我的回饋。確實，我想，兩位阿爸能慢慢地開始回到正常的生活，是 Jumbo 最樂見的。每一個生命的遇見與緣分都是要帶領著我們，朝向更好的自己前進，看似是一份永遠的分別，卻是永藏於心的陪伴。

每一個我迎接的寵物溝通裡，都深深的意識到動物們的良善與那份純淨。人們常說萬物皆平等，但其實在很多宗教系統的定義裡，對於人與動物的靈魂有著極為鮮明高低階層的分歧，但 Jumbo 這個案子給予我很深的省思。

在古老的人類文明裡，我們崇尚也信任著萬物皆有靈，甚至對提供人類生存的大自然懷著一份恭敬心與感謝。在過去，我們有許多時刻需要與動物們一起生存、一起合作。我們仰賴牛為我們犁田、馬為我們運輸，提供我們很多生活上的所需。更多時刻，動物們的智慧與我們人類的智慧是並駕齊驅的，他們甚至能在危險或天災地變時，給予人類提醒。若真的要說那份分別，人們透過學習、教育，讓自己的智慧提升和經驗累積，然而藉由 Jumbo 的案例，或許動物們也透過一些薰陶和教育學習，而有智慧的提升呢！

不禁讓我聯想到曾在一篇新聞報導見到某個寺廟有兩隻放養的狗狗，固定會在早晚課的時段到大殿外聆聽出家人誦經。我內心假設，宇宙的創造並不是為了要讓人們有所分別，而是讓萬物用各個形式與型態，透過不一樣的生命去體驗所有的一切。我想其實眾生皆平等，不該因為人類的文明而改變！

人的崇高不如說是一種福分，人所擁有的身體比起萬物更有機會可以帶領自己，超越最原始的生存慾望，藉由自己的努力走向修行的道路。然而，無論是透過教育也好、學習也好、修行也好，如何獲得解脫，我想這與靈體的高尚無關吧！這也是我與 Jumbo 溝通時，特別感受到的反思。萬物皆平等不該只是口號，更深一層的是要帶著我們對所有生存在這地球上的萬物永保一份感謝與尊重。

永存心中的回憶

彭爸

我是彭爸，一位高中退休的數學老師。也許是因為數理的背景，年輕時我只信仰科學，對於那些無法用科學解釋的事情，總覺得怪力亂神難以令人信服，一直到第一個小孩出生後，才開啟了我接觸宗教的因緣。

「亞洲動物溝通師聯合認證」動物溝通師。

緣起

那大約是四十年前的事了。當時我住在基隆，老大剛出生不久，一家人住在剛買下的公寓裡。不知為何老大總是在凌晨三點鐘準時哭醒，我們一開始還不以為意，總認為只是一般的哭鬧，但漸漸發現每天都是準時的三點整哭醒。期間因為擔心也找了許多醫院檢查，醫生卻查不出任何原因，這讓有著科學精神的我感到困惑，我試著在半夜二點五十九分起床，發現孩子總是準時在三點開始哭鬧，越想越不對勁，認為這不可思議的事也許不能用科學的方式處理，於是開始接觸一些宗教，透過宗教的方式來了解可能的原因。

當開始接觸、了解宗教後，發現宗教不只是神鬼的事情，更多的是教人向善、教人如何生活、教人如何快樂，於是退休後，我全然地投入宗教的事業，成為道教正統的認證法師，在公廟裡幫人服務。因緣際會下，這一兩年也開始了動物溝通，為臨終的人們、動物做服務。

協會的邀約

還記得十一月份的某天晚上，我正獨自待在自己的書房裡，看著書籍，放鬆忙碌一天的身體，沉澱自己的心靈，享受這一天難得的寧靜時段。這時手機鈴聲響起，內心感到有些不愉快，這通電話突然打亂我的思緒，但看到是動物溝通關懷協會的電話時，心情轉變成愉悅，因為協會創立了一個官網為動物發聲，推廣保護愛護動物的理念，與我的理念非常相似，再加上為動物溝通師設立一個專屬的預約平台，讓大家有機會透過平台來了解與溝通師聯繫。我衷心感謝協會的付出，因此欣喜的接了電話。電話的那頭是協會的工作人員，聲音是個年輕的女生，很有熱忱的表示協會將協助出版一本動物溝通書籍，讓更多人能認識這個領域，因為這是一件很有意義的事，誠摯地邀請我一起出版，希望從我的動物溝通案例中，將一則親身經歷的案例寫成文稿，讓大眾更瞭解什麼是動物溝通。

當下聽到這個消息時，心情非常興奮，因為從小看了許多的書，發現書中的作者都能透過文字將畫面描述的栩栩如生，讓人非常嚮往。而自己有幸能成為一名作者，透過文字的敘述將自己的想法切切實實的分享給大家，一直是我很想做的事，而且透過案例的方式敘說溝通的歷程，可以讓更多人了解動物溝通，也很有意義，於是當下馬上答應這次出版。

對方聽到我立刻答覆，馬上感謝我對協會的支持與行動。開心的約定後續的討論事宜與時間，結束了通話後，我開始回憶過去的動物溝通案例，案例中的每個飼主個性都不同，而寵物也是一樣，因為不同的互動方式，總會蹦出不同的火花。而唯一的共通點就是每位飼主都將寵物當作是自己的家人、孩子一樣照顧，透露無限的關愛，讓我總是心頭暖暖的。對我來說，這也就是動物溝通最動人之處。

而且，與每個飼主、寵物相處後，看見飼主將寵物完完全全視為家庭的一份子來看待，在家庭中佔有重要的一席之地，讓我對於寵物不再只是片面的感受。我回想起今年六月接觸到一個特別的案例，多數的動物溝通都需要一個完整的時段來進行，然而因為他們的特殊情況，我首次進行不同的嘗試，這個嘗試我稱它為「加護病房式溝通」的方式。

深夜的緊急電話

依稀記得在一〇七年六月某天深夜，我正坐在房間的沙發上，一邊看著雜誌，一邊享受這寧靜的時光，這時手機響起音樂，螢幕顯示著一個陌生的電話號碼，心想在深夜打電話，應該是有緊急的事吧！接起電話，電話裡是一個年輕的女性上班族，一開始先為在這麼晚的時間打擾表示歉意，接著表明想預約動物溝通，希望安排的時間越快越好，並迅速描述寵物的情況：今天下班回家後，她發現寵物貓咪——貓咪，無精打采、肚子隆起有腹水，著急的將他送往動物醫院，透過醫生的檢查，醫師告知貓咪感染了傳染性的腹膜炎，情況危急、很不樂觀，因此希望能盡早安排溝通的時間，盡快了解貓咪的狀況與想法。

雖然一開始很想婉拒這次的動物溝通，想著原本預計的行程安排裡，要處理的案件很多，在行程滿檔的情況下，真的很難在短時間內撥選出一個完整的時段來進行，但從對話中能感受飼主的禮貌，以及時間的急迫與對寵物的擔憂。那一刻讓我回想起數十年前孩子還小時，孩子因為生病發燒，緊急的送往醫院，擔心的詢問醫生能否盡快幫忙處理病情，也想知道孩子身體狀況。而現在這個場景，就與我當年一樣這麼徬徨無助，讓我於心不忍，隨即答應她的請求，並告知飼主溝通需要一個完整時段，而當下無法立即安排時間。為了緩和飼主的心情，要求飼主傳來貓咪的照片，也告知因為時間有點晚，明天一早還有行程，現在只能盡量空出片刻時間，透過照片先了解貓咪現在的狀況，再告知飼主。至於完整的溝通時間可能得等我重新規劃行程後，才能安排。

飼主聽到我的回應後，不斷的感謝，也感受到飼主的心情緩和許多。掛了電話後，立刻拿出我的行程表，將明晚的行程安排延後或取消，為了讓心沉靜下來，獨自走到客廳坐在沙發上，放鬆心情並試著集中注意力，透過照片與貓咪連上線。當知道貓咪的狀態是平穩時，心中放心不少，隨即告知飼主，讓她能夠安心，並告知她因為腹膜炎是一種危急的疾病，隨時可能會有狀況發生，為了因應事態的急迫，建議採取「緊急叮迫，密集性溝通」的方式處理，並給了我的 Messenger 帳號，告知如果有任何情況發生時，可以在線上隨時互傳訊息做處理，如果病情到明晚仍然穩定，暫且排定溝通時間為晚上七點。

飼主收到訊息之後，安心很多，也聽從我的建議，加入聯絡帳號，並向公司請假，在醫院陪著貓咪。

急轉直下的病情

隔天早上，窗外透露和煦的陽光，我坐在餐桌前吃著早餐，並想著昨晚短暫溝通的貓咪，希望他情況能夠好轉，就如同現在美好天氣一樣有朝氣，用餐後，開車前往原本預定的目的地，開始忙碌一天的工作。九點多時，正當我將手邊的工作告一段落，口袋中的手機突然一響，內心也開始擔憂起來，想著會不會是貓咪的狀況惡化了，果然是飼主傳來的訊息，訊息中透露著飼主的著急與不安，醫生告知「貓咪的惡化情況比預期的時間快，可能撐不到禮拜一（兩天後）」的狀況。飼主並訴說看到貓咪的痛苦表情真的很不忍心，詢問該怎麼處理呢？

看到訊息的瞬間，感覺情況十分危急，因此我先延後手邊的工作，即刻與飼主在 Messenger 上互傳訊息了解貓咪的狀況。飼主描述貓咪從昨晚就受病痛折磨到現在，這麼長的時間，讓她十分不捨，詢問有什麼方法可以幫助貓咪，來緩解他所受的病痛折磨呢？

此刻的我深深感受到飼主的不捨與悲憫，於是告訴飼主，我想直接運用加持的方式在貓咪身上，針對貓咪的靈魂作神識的導引，不要讓靈識駐存在病痛苦楚的淵洞裡，也同時幫助降低肉身的痛苦感受，緩和貓咪因疾病所帶來的痛苦，當飼主聽到有方法能緩和貓咪的痛苦，立刻表示同意。

於是我找一個安靜的空間坐著，開始專注的冥想加持，經過一段時間的加持，感覺到貓咪的情況也漸漸平穩許多，在一小時後，飼主看到貓咪不再眉頭深鎖，表情放鬆許多，呼吸也平順不少，安心的傳訊說：「貓咪的情況已緩和許多，沒有再出現掙扎痛苦的表情。」而看到訊息的瞬間，我內心的擔憂也紓解了一些，鬆了一口氣，並起身伸展長時間坐著的身體。

這時，飼主趁著貓咪狀況平穩許多時，迫切的想知道貓咪的想法，於是馬上提出：「想知道貓咪想自然過世還是即刻解脫？若想自然過世，願意日夜守著他、陪著他走到最後，甚至當七天請假期滿時，帶著他一起上班，二十四小時日夜陪伴著。」

聽完這段話，深深感受到飼主真心的把貓咪當成子女一樣看待，句句流露出真情，令我十分感動，於是即刻與貓咪連線，得知貓咪想待在媽媽身邊，不願意離開，得知貓咪想法後，思索著貓咪若不幸離世，是否會捨不得放下，於是將我的考量與貓咪的想法傳達給飼主，並給出建議。飼主得知貓咪的想法後，感到窩心卻也捨不得貓咪離開，但對我的想法非常認同，於是遵循我的建議，透過電話引領她用心念觀想加持貓咪，同時也鄭重叮嚀：「千萬不可有任何不捨得貓咪離開之念頭，也不可以做出任何不捨他離去的言語表達；反而要以強烈的意念轉授給貓咪：病只是肉體上的狀況，靈魂是健康的、無染的，這樣貓咪才不會因為不捨而不願離開，而貓咪的靈魂也才能擺脫病痛的折磨。」經過飼主一小時的專注觀想與努力，她發現貓咪表情自然放鬆，並安詳地睡著了，但不放心的再次詢問貓咪的狀況。我從詢問中感受到飼主的疑慮，為了讓飼主能更安心，也知道飼主的情緒會直接影響到貓咪，於是告知飼主：「這代表貓咪的靈魂正處在平穩安詳之中，你剛才做得很好，因此效果馬上顯現出來。」

飼主見到貓咪寧靜的睡著，並知道他的靈魂安穩著，鬆了一口氣，隨即想多問其他有關貓咪的問題，想了解更多貓咪心中的想法，此時的我予以婉拒，為了讓貓咪更安穩，深怕此時的打擾，使原本平靜的秋池，再次激起波瀾的漣漪，因此只是告訴她：「你的全心全力呵護，貓咪了然於心，而且他期望你將他的骨灰安置在動物專業靈骨塔裡。並且請飼主在他耳邊不停的播放『心靈音樂』或『冥想性樂曲』，透過這個方式，幫助貓咪靈魂更加安定，靈識更加平穩，遠離恐懼。」

最後的陪伴

接下來兩天滿檔的行程，讓我回家時已疲憊不堪，很快的進入夢鄉。在第三天的早晨醒來，想起這段時間不再收到飼主的訊息，我擔憂著貓咪的情況，隨即傳訊給飼主詢問貓咪的狀況，得知飼主不放心的整天陪著貓咪。飼主看著貓咪不再進食，有點擔憂的回應：「貓咪仍在睡覺中，這幾天一直沒吃沒喝，不過呼吸正常。」訊息中得知貓咪不再進食，猜想飼主憂心貓咪身體無法持續對抗病魔。為了讓飼主不再擔憂，且讓貓咪的狀態更平穩，於是請飼主遵循我的指示，開始指導飼主，觀想黃光包覆著貓咪，引導他處在寧靜安穩的境界中。當天，飼主見貓咪狀況十分穩定，不再只是沉睡，詢問醫師，徵求醫師的同意後，帶貓咪離院返家。到家安頓好後，透過訊息讓我知道貓咪狀況穩定已帶回家休養，並感謝我的幫助，使貓咪病情能緩和許多。當我看到這封訊息時，內心感到十分愉悅，慶幸貓咪病情能夠好轉，也開心自己能給予她們實質的幫助，並傳訊道賀貓咪出院，也提醒飼主多加留意。此時的我望向天空，心想著答應這次的動物溝通是非常明智的決定。

也許是因為昨天的好消息，讓我安穩的睡了一晚，感到精神飽滿，帶著活力繼續著既定的行程。夜晚準備就寢前，想著貓咪是否慢慢恢復健康，此刻手機再度響起，看到飼主的來訊，心中期盼會是一個好消息，可惜事與願違，原來飼主對於貓咪的情況，不知該如何是好，只好半夜打擾詢問：「貓咪沒有任何反應，從早上到現在為止，大約有二小時的時間，眼睛睜開看著遠方，但無法了解他在看什麼？而且貓咪已經有三天沒吃沒喝了，擔心虛弱的身體熬不過今晚，而且明天要開始上班，不放心將貓咪留在家，也怕帶著貓咪上班會影響到他。」當聽到這個消息時，我心中擔憂著貓咪是否病情惡化，又或是身體正與病毒對抗，而腹膜炎的前七天是危險期，為了不讓飼主過度擔心，便告訴飼主：「貓咪若能撐過兩天，就可能有奇蹟出現。」內心也祈禱著貓咪能安然度過。飼主接受了我的意見，也向上天祈求奇蹟的降臨。

安靜的離世與道別

然而令人鼻酸的事情，終究還是發生了。我剛好著手的案件告一段落，正準備前往下個地點時，口袋裡手機突然震動了起來，內心也跟著擔憂起來，打開了訊息，飼主傷心來訊：「我帶著他去上班的途中，貓咪無聲無息的過世了，不過表情是安詳的。」看到訊息的當下，心情真是五味雜陳，雖然只有短短的接觸幾天，卻感受到飼主對貓咪的關愛之情，深切且濃厚。悲傷的是貓咪沒能挺過這次疾病而離世，慶幸的是貓咪不再受到任何疾病的折磨。內心想著如何讓貓咪安然、平靜，沒有罣礙的離去，也讓飼主對貓咪的離開更加寬心，於是傳訊請飼主將心中的意念傳達給貓咪，讓他能安心離去。飼主也依照我的指示，開始專心默誦：「你是在光體之中，正享沐著安寧、平穩、悠遊、自在……。接下來你就安心的往前邁進，前往你該去的地方，我會讓自己安穩地回到正常的生活，如果有緣我們還會再見的。」並在最後提醒飼主，記得在處理貓味的後事時，好好與貓味告別，回歸原本的生活，這樣貓味就能安然離去不再眷留。

依稀記得在一個禮拜後，當我在趕往下個行程目的地時，口袋裡的手機突然來了個訊息，習慣性的用左手將手機拿出來，當得知是飼主來的簡訊時，立刻將車往路旁停靠，專心的看著飼主的訊息：「我已經將貓味火化，並安放在林口 xx 園，也與貓味道別了，真的非常感謝這段時間的幫忙，讓貓味能安然離去。」當下感受到飼主的安心與感謝，也感覺自己完成一件很重要的事，抬頭仰望著美好的藍天、白雲，心情從原本的擔憂到後來的安然、愉悅，心裡感受著這種喜悅，想著也許就是這種感覺，支持我繼續前進，放好手機並繼續開車趕往下個目的地，此時的我嘴角漸漸揚起。

再更懂你一點

方卡樂

現為「台灣樂耄同伴動物居家復能與養護推廣協會」發起人。

收容所復健公益計畫「Full Love 復樂計畫」推廣與發起。

「寵物居家復健站」臉書粉絲專頁主持人、宣導站長。

附註：

筆者在台灣普遍還不重視寵物復健的六、七年前，將自己所學的人類復健技術專業應用於寵物身上，協助不少貓狗重新再回復行動力，逃過被截肢或安樂或棄養的命運。但近幾年筆者接觸無數犬貓復健的過程中深刻體會，動物在復健的過程中需注意的對待方式、情緒狀態、與家長的互動 ..... 均可能更影響其身體機能復原的關鍵，也因此筆者才會接觸溝通。所以筆者認為「復健」這個偏重醫療的名詞，並不那麼適用想法單純和不了解醫療的動物，因此在成立樂耄協會時決定以「居家復能」為推動老弱癱病同伴動物能有更全面的優質生活品質時所用的專有名詞。文章著作當時仍使用復健一詞，是為方便讀者理解。特此說明。

因為容易職業傷害，所以早已拒絕人醫復健工作非常久的我，為了毛子（我對毛孩子、毛寶貝的暱稱）們，我毫無思考地重新拾起，並且深刻投入這項工作，甚至走進我一直沒勇氣接近的收容所。在經歷了幾個需復健的陌生毛子後，我很快知道，我其實不夠懂他們。但他們的眼神緊緊地催促著我：「你可以再更懂我一點嗎？」

我很愛跟動物聊天，因為愛，所以我更想知道他們的想法，進而幫助他們。

引領我的老黑

執行收容所復健計劃一段時間後的某天，走進收容所，看著上層籠一隻大約有十五公斤的黑狗，問工作人員：「他腳好像怪怪的，站不起來。需要復健嗎？」

所方人員：「他年紀大了，然後個性也不是太好，所以你還是暫時別接觸他好了。」

我知道他們會擔心我的安全，畢竟收容所狗狗的性情難免不穩定。於是我先走開去看看其他狗狗的狀況。做完了另一隻狗的復健後，我還是走回這隻黑狗的位置，看著他，然後忍不住還是開口了：

「大哥，你方便幫我把他抱下來嗎？我還是想看看他的狀況。」所方大哥看了看我，點了點頭，轉身去拿了防咬手套，然後小心翼翼地幫我把黑狗抱了下來。

▲引領我的好朋友－老黑

為了謹慎，我先不靠他太近，並且想辦法盡量說他可能聽過的「人話」，對他表示善意。他應該有十多歲了，嘴邊已有不少白毛，穩定的眼神中有一點緊張。

▲即使看不見卻仍喜歡笑給我看的老黑

「嗨，我是卡樂。（伸手）這是我的味道。」

「我看到你的腳腳了。」

「這兒有肉肉，給你。」

「等一下我輕輕地摸你的腳腳，好嗎？」

黑狗轉了幾次頭，有點閃避我的眼睛，但還好接受了我給的肉肉。我不再直視著他，選擇坐在他的腳邊，然後繼續跟他說話，並輕輕地伸手去試著摸他的腿。

他沒有出現任何不安的訊息，我逐漸放心地用雙手去為他的雙腿檢查。應該年紀大了，或許也因為曾關籠過一段時間，後腿關節有點僵硬，肌肉也明顯萎縮。我輕輕地先幫他按摩，偷偷地觀察著他，深怕不小心弄痛他，更怕被他啃一口。這天只做按摩，再餵他吃了幾塊肉乾，便請所方大哥再幫我把黑狗放回他的上層籠。「大哥，我覺得他很溫和，所以我下次還會幫他復健，再麻煩你們看能不能幫他換到下方籠子，方便他進出？」

離開前，我跟黑狗說：「我叫你老黑好嗎？過幾天我會再來，你要加油哦！」

隔兩天後，我再直奔老黑的位置，結果他還在上層。這下可糟了，我一下找不到所方人員，而此時老黑看見我，竟然試圖站起來，可是腳一軟就跌坐到自己的水碗裡了。

「你等等、你等等！我帶你出來！」於是我跑去拿那個防咬手套，那一隻手套就可以裝下我一整隻手臂了，我也不太清楚怎麼使用，但好像就是要戴著比較安全。我又不會穿左手，所以就右手笨拙地戴著手套，先打開籠子門，和老黑有點傻眼地面對面。我的右手套先伸進去籠子想扶住老黑的屁股，但此時發現，戴了手套，我反而無法使力抱下將近十幾公斤的他。我索性放棄手套，回到老黑面前，先輕輕地摸摸他，確定他不緊張。

對嬌小的我來說，籠子真的有點高，很令我懊惱。「老黑呀，我現在先扶你的腿腿，但我必須貼近你的籠子靠近你才好抱，你可千萬別咬我呀，我的頭沒有洗，味道不太好的……」有點緊張的我開始自言自語，接著我踮起腳扶老黑的屁股，身體往籠子靠近。這時，老黑竟然彎下身，把他的頭輕輕地靠在我的肩膀，於是，我很不費力地抱住了他，將他輕輕地放到地上。

這天，我用輔助帶協助他到陽台曬太陽，後來他開心地自己走著。雖然有幾次跌倒，但他很快地又站起來接著搖搖晃晃地走，感覺走多久都不累。

這是第一次，我明顯地感受到，和一隻陌生狗狗可以這麼順利、心對心地溝通。自己也更確知，必須真正學會和動物溝通這件事。

關於同伴動物復健

在復健人的時候，可以與人溝通，用我們共同知道的語言和情感來帶領

▲我們先說說話

病患從事復健行為。但動物（或說貓狗）則和我們有很大不同想法，他們不愛待在醫院，即使在醫院可以有非常好的醫療，他們絕大多數認為醫院是陌生的地方並感到不安、緊迫、沮喪……這帶來的就是免疫力下降的可能。而關籠的處置也可能大大抵觸復健。毛子們眼中沒有站得漂亮、走得正確；復健是你們的事，他們只要能見到家人、和喜歡的人玩、有好吃的東西，他們即使拖著癱瘓的後腳亂跑都不在意。他們也許只認家人，甚至只認餵養人，如果身體真的出了問題，醫療人員也多是為了解決當下的症狀而必須硬手段地做處理，在幾分鐘的過程中，也許就造成動物們一些心理上的創傷。

很多時候，我無法確定是不是他們要的方式？在執行復健的過程，我必須避免這些已經身心受創的毛子們再有一絲感到不安，也得避免自己被咬傷，所以在收容所的復健，是以相對更輕鬆的方式，甚至像遊戲一般的不算復健的復健，來引導毛子做到我希望他執行的姿勢和動作。就是「行復健於無形之中」。

當時，我還不懂什是動物溝通，我只能先將所學所知的動物行為加入復健，再加上我的誠心誠意，好聲好氣說話，能先保持距離就先保持距離，第一次不能復健，先認識幾天後再開始進行。印象最深刻的是柴犬妞妞……

柴犬妞妞

那天，柴犬妞妞是在我準備離開收容所時剛被抓進來的，在籠中的她一臉沉寂，眼神是死的，只有頭可以轉動的她，想喝水都會弄翻。

我蹲在她的籠子邊，不知道如何開始幫她。

「你，還好嗎？」她沒有表情。

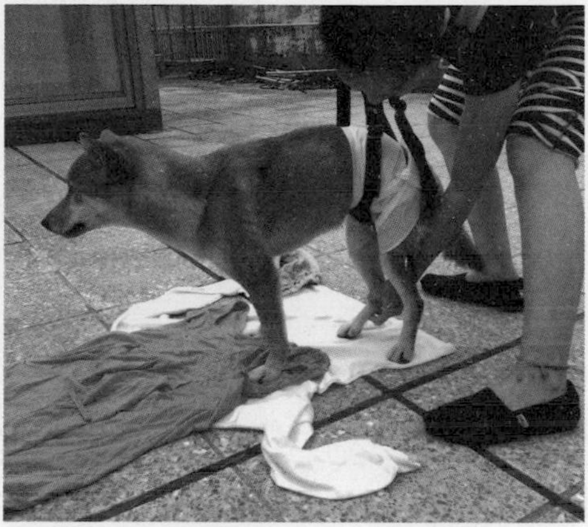

▲柴犬妞妞自信練站

「你的腳好像不能動，我想幫你，可是……」她依舊沒表情。所方人員提醒我，因為她剛新進所，還不是很清楚她的脾氣，要我小心別受傷。我在籠子外繼續一直看著她……

「如果你願意試試，你就自己出來，我才好抱你，好嗎？」然後我試著打開籠子，讓她自己選擇。本來毫無表情的她，因為籠門的動靜，她才回頭看我。

「你要出來嗎？」

她認真地打量我後，身體扭著、爬著，移出了籠子。當下我立刻確定我必須做些甚麼了！我抓上毛巾抱起了她，衝去幫她洗澡、吹乾、按摩、安撫……接下來的幾天，我一有空便去帶她練站。她再也不是那樣毫無生趣的眼神，而是期待著每一次復健。

我叫她妞妞。三次復健後，她開始練習走，就被領養了。我們也和新家人保持著聯繫，妞妞在幾星期後便幾乎看不出癱瘓過。

開始把動物溝通結合入復健

我知道我必須有系統地學會動物溝通，以便更快知道我所體會的是否是我自己想太多，還是可以運用得更好、更準確的幫助她們。所以我開始參加不同溝通師的分享講座，從概念的了解開始，知道這是一項有科學根據的學問。更有幸認識孟孟老師，她幫我們校犬超仁溝通，讓我拍案大笑，覺得終於有人把超仁的內心話說出來了。因此孟孟老師和渤程老師一起到高雄開工作坊時我便加入，開始了正式的溝通學習及參與。

之後每次復健前先跟動物老師打招呼，簡單聊聊天自我介紹一下，養成一個自然而然的習慣，這樣在開始為他們進行復健時，他們便會很少出現拒絕我的碰觸，或是想躲回媽媽身上討抱抱的狀況。

甜美而很會安排一切的 LuLu

LuLu 是我復健的老朋友了，把拔來找我學居家復健後，就為她做了個輔助器，每天陪她出門曬太陽、去學校走斜坡。今年冬天她的身體老化狀況急速下滑，雖然倒了下來，但依舊隨時有樂天、甜美的面容。

把拔不再強迫她練站，但仍每天帶她去附近喜歡的學校透透氣，看大家活動。不久後，把拔覺得 LuLu 身體越來越不舒服，在把拔的同意下我和 LuLu 溝通。LuLu 一如他的親人可愛，很快讓我知道很多她的想法。

我讓把拔請假了幾天時間，全天候陪在 LuLu 身邊。LuLu 說把拔以前會唱歌給他聽，會躺在他旁邊一起睡並再唱歌給她。LuLu 告訴我擔心阿嬤的腳，我轉達跟把拔說，台灣長輩一向害羞不懂表達，而阿嬤知道後也在某天晚上親自告訴 LuLu：「你乖乖睡覺，不要擔心啦！」

一直陪著他睡了幾個晚上的把拔，這天突然想回自己房裡睡了，但又怕LuLu會不高興為何不陪她？我跟把拔說，你現在做任何事情只要都把想法清楚告訴LuLu即可，別擔心太多。

隔日，把拔醒來，LuLu安詳地閉上眼走了。

我想，其實都是LuLu的引領吧！

原本想簡單團體火葬的把拔，突然告訴我，他想起來以前曾想過常要帶LuLu去墾丁，所以他臨時決定改單獨火化，把骨灰帶去墾丁海葬。我欣慰地笑著，這LuLu，真是CEO級的孩子，為大咧咧的把拔想好所有的一切，本以為面對LuLu的離開會走不出傷痛的把拔，卻是欣然地接受著LuLu給他的安排，帶著笑容且沒有遺憾。

我感覺到的LuLu，一直都是很黑亮又精神的大黑狗。有次把拔給我看她以前年輕時的照片時，果真是這樣！所以LuLu在最後的這段時間，就像是年輕狗一般精神而循序地規劃她僅剩在人世間的每個安排。曾聽人家說，狗狗要離世前，最掛心的都是他愛的家人。我想，因為掛心，所以積極地借助和我的溝通而安頓好一切，協助可能沒有想太多的把拔，真是誰能像LuLu這般聰明而貼心呢？

胸腔腫瘤的該該

可愛的貴賓犬該該，一臉甜美，從外在真的幾乎看不出來他身體狀況已經被胸腔腫瘤侵犯得很糟糕了。第一天媽媽和姐姐帶著他到醫院來輸液，他大大的眼睛盯著我，我走到哪他看到哪。第一次被狗狗這麼盯著，也覺得有趣。在診間輸液的該該，因為腫瘤的壓迫，不時地會喘咳，只要我有空檔，便過去看看他，順手為他按摩胸部和氣管，及活動手腳關節，並在施作過程用意念將溫度和粉紅光傳送給該該。而該該也的確因此而緩和了下來，讓媽媽和姐姐不會因為他的咳喘而焦慮不已。

第二天，該該還是維持來輸液，精神和食慾都恢復了些。該該看著我時，總讓我覺得他有話要說，但在醫院實在太忙，我只能先短暫回應給他鼓勵和安撫。每次經過該該輸液的診間，媽媽就會說：「他聽見你聲音就會起來看。」其實可能就是緣分，我也喜歡幫該該按摩，然後跟他說：「你的眼睛好漂亮。」這天他們要結帳離開時，我還是注意到了該該又盯著我看。我對著他笑了一下，在心裡說：「明天見哦。」

隔天下午三點多，正在上瑜珈課的我一直想到該該，他好有精神，眼睛更雪亮，並且蹦蹦跳跳的。因為一直有該該的畫面，導致我上課一直出神沒跟上進度，於是我跟該該說：「等一下喔！下了課我就到醫院去看你了，你乖喔！」但心情卻有一絲的不安……

晚上一進醫院，我先跑去該該輸液的診間，空無一人。問了同事才知道

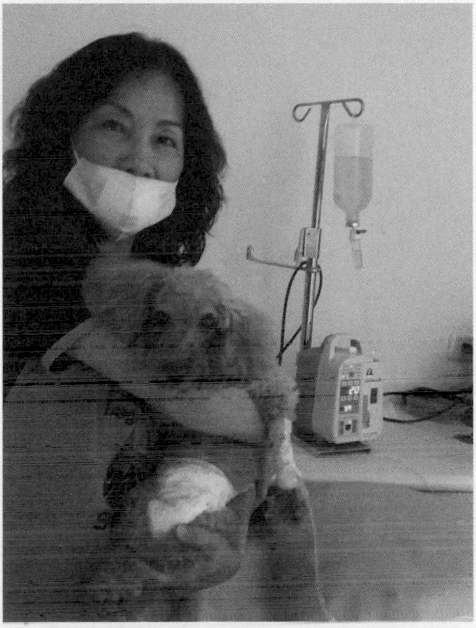

▲該該和媽媽

該該選擇在醫院離開，是媽媽去廟裡問的。

該該離開前，媽媽還在告訴他：「等一下幫你按摩的阿姨就會來了。」但他們不知道我下午有課。而該該離開的時間，正好就是下午三點多我一直感覺到他的那時。

該該是個很怕痛的孩子，而這個腫瘤也讓他相當不舒服，家人本來想的是別輸液了，就帶他回家，所以去廟裡問，結果意外地竟然是該該想在醫院離開，不想再痛痛了。該該準備得很好了，我很感謝他記得來跟我打招呼。

癌症與腦炎的 Money

Money 原本是因為行走無力而諮詢復健，但有腫瘤體質的她讓我考慮更多，以及她的腿軟似乎又與一般癱瘓狀況不太一樣。所以基本的諮詢後，我請媽媽可以同時去找另外的專業人士諮詢腫瘤問題。

後來家人決定帶 Money 從北部南下，找勝杰的杜教授確診。果真和我懷疑的一樣，Money 的腿軟是與腦炎侵犯神經系統有關。從高雄了解病情並拿完藥後，才再北上。

Money 是隻很願意表達情感的狗狗，她尤其疼愛她的兩個人類妹妹。在屏東聽說她的病情嚴重時，大妹妹哭得很傷心，而 Money 則立刻起身過去大妹身邊安慰她。回台北家之後，媽媽也持續跟我保持聯繫，有幾度 Money 竟然出現昏睡和癱軟，甚至不太進食的狀況，令我們都非常緊張。當天其實我感覺自己異常疲倦，食不下嚥。在打算休息前，我先經過媽媽的同意，試著跟 Money 做溝通。看著 Money 的照片，我不知道該不該跟媽媽說 Money 原來是跑出去玩了，不僅去找了以前見過面的狗朋友，還跟浪貓聊天，甚至有草地、有沙地的畫面。我跟媽媽確認，他們以前的確帶 Money 去過這些地方，這陣子她生病，便沒讓她再去玩。

由於 Money 給我的感覺是非常開心的，所以我跟媽媽說，先放心，這兩天觀察看看，我也跟 Money 說，如果她出去蹓韃也別出去太久，免得媽媽擔心了，樂天的 Money 也答應。溝通完後，我的疲倦感消失了，食慾也正常回來，我才想到，可能又跟這次溝通有關。很慶幸的，當天晚上 Money 便回復了正常狀況，食慾、休息、吃藥也都正常了。媽媽他們通過這次溝通，也更清楚了 Money 的可愛和隨性，即使生著重病，但全家都能因為 Money 的樂天個性而一起用愛和正念陪伴 Money 度過接下來的每一天。

那天，Money 告訴我她希望陪妹妹上課，我如實轉達後，媽媽帶著 Money 好幾天都送她上學。有天家樓下的櫻花開了，Money 一直望著櫻花，我告訴媽媽，一家人拍個合照吧！隔天早上就看見媽媽傳來一家人在櫻花樹下的幸福合照，當天的晚上九點多，Money 在全家人的陪伴下安詳離世。

溝通不是神祕的，而是務實和誠實

接觸動物溝通時間不長的我，因為工作環境的關係，時時感受到即時溝通的急迫性，也在動物老師們的引領下快速地學習。

溝通，即是傳達雙方的心意想法讓對方知道。我想，正確而科學地運用動物溝通，肯定是我們以爭取動物福利為志業的人，都希望可以做到的。

天地之大，只要願意敞開心、相信與尊重，世界萬物肯定會陸續告訴我們很多目前我們還不懂的事情，並教導我們。

當他們的眼神向我表示「你可以再更懂我一點嗎」，其實還有一句話：「因為我們必須相互了解，才能發揮更多能量幫助他們！」

心若向陽，無畏悲傷

葛琳

七位毛孩子的妈妈，癡迷小动物的人類，貓咪旅社主理人。

「亞洲動物溝通師聯合認證」動物溝通師。

小時候的夢想之一是能知道動物夥伴們在想什麼，能和他們愉快交談。2018 年時，遇到了在做動物溝通教學的兩位老師，就像愛麗絲掉進了樹洞，桃樂絲進入了翡翠城，而我，夢想成真，開啟了一段與毛孩子們心連心的奇妙旅程。

在這個旅程中，遇到的每一位毛孩子和照護人，從他們的故事中得到的啟發和感動，都像是生命中最珍貴的寶石。我想，盡我所能，讓動物夥伴與人類夥伴心連心，在各自的生命旅程中，没有遺憾只有愛。

我是七個毛孩子的媽媽，也是父母唯一的孩子。小時候沒有兄弟姐妹的陪伴，又非常喜歡小動物，常常會央求爸媽讓自己飼養一些動物夥伴，爸媽離家工作後，陪伴我的便是他們。於是，從小就有一個夢想：如果能聽懂動物夥伴們在說什麼就好了。

二〇一五年起，七個貓咪寶貝陸續進入了我的生命，可能是命運的某種安排，為了推近我與夢想的距離，為我安排了七位可愛但非常挑食的寶寶，常常會出現的情況是：我開了魚味的罐頭，他們卻要吃雞肉口味的。於是，那個「如果我能夠聽懂你們說什麼就好了」的念頭，又在心中萌芽，而念念不忘必有回響的古老諺語，也在此時被應驗了。

進入二〇一八年時，遇到了在做寵物溝通教學的兩位老師，就像愛麗絲掉進了樹洞，桃樂絲進入了翡翠城，而我，則是開啟了一段與毛孩子們心連心的奇妙旅程。

開啟離世溝通

HAPPY是一隻狗狗。與HAPPY照護人的聯絡，始於二〇一八年十一月十日晚的一次Wechat簡訊，起因原本是照護人為了尋找多日不見的HAPPY，而最終，卻變成一次最後的告別。

與我聯絡的是HAPPY的姐姐（以下稱呼為姐姐），而HAPPY還有另外兩位照護人是姐姐的外公和外婆（以下稱呼為外公、外婆或公公、婆婆）。

如果說每一段生命都是一個能量體，或許就可以理解以下這段聽起來不可思議卻真實存在的故事。在醫學角度宣告我們的生命體徵終結後，存在於肉體之中的能量體尚未完全消散之前，我們仍舊能夠通過強大的直覺系統與之相連。而在這之前，為了確保我聯絡的對象是HAPPY無誤，我會通過詢問狗狗夥伴一些現實層面的問題，並將答案與照護人進行核對。例如會問狗狗：照護人的長相，生前是否有特別的回憶等等。如果狗狗告訴我的答案與照護人所知道的答案相符合，那由此判斷我們的連接已經建立，隨之就會為雙方互傳訊息，這個工作，偶爾看起來會有點像翻譯官。

十一月十一日，在我和 HAPPY 的姐姐互通 WeChat 的第二天下午，再次收到姐姐傳來的簡訊，家人在後院找到了已亡故的 HAPPY，死因中毒，懷疑是被附近圖謀不軌的人所害。聽到這個消息非常震驚和難過，姐姐隨即與我約定下午與 HAPPY 進行一次離世溝通。姐姐希望通過這次溝通與匆匆離去的 HAPPY 正式告別，也想了解一下，HAPPY 還有什麼未了的心願。

與 HAPPY 進行聯絡的媒介，是通過一張他生前所拍攝的清晰照片。姐姐通過 WeChat 陸續傳來三張照片，挑選其中一張最清晰直觀的，嘗試與他聯絡。照片上的 HAPPY 是一隻米克斯狗狗，除了脊背覆蓋了黑色的毛髮外，四肢和頭部皆為棕色毛髮。中等身材，上揚且微張的嘴巴使他看起來像掛著微笑一般。

看著照片中的 HAPPY，片刻後，輕輕閉上眼睛，嘗試在腦海中清晰描繪出 HAPPY 的樣子，並呼喚他的名字：

「HAPPY，HAPPY，請問你在嗎？」

稍待片刻後，我等到了一個聲音：

「你好呀。」而聲音的主人隨即又說到：「我是 HAPPY，你是誰？」

為了做進一步確認，我也向聲音的主人表明了身分，我告訴他：

「我是那個照顧過你的姐姐的朋友，因為我恰巧能夠聽懂你說話，所以她想拜托我幫助你們做一個溝通，不知 HAPPY 是否願意與姐姐通話呢？」

此時，我慢慢可以清晰看見一隻黑背棕毛的中小型狗狗蹲坐著，他在一個非常寂靜沒有色彩的空間裡，身邊沒有任何人事物，似乎整個天地之間，只有他一個，就像是進入了一個專屬的空間站。

問答間確認彼此

根據狗狗的外表特徵，我可以確認他就是 HAPPY，但照護人姐姐無法看見這個畫面，所以我們需要通過進一步的問答，來幫助姐姐也能夠確信。

與 HAPPY 做了簡要的解釋後，HAPPY 同意進行此次溝通，便有了如下的對話。在溝通開始前，姐姐提出疑問，一隻生活在廣東，從小只聽白話（即粵語，在粵語使用區中又稱白話）的狗狗，能聽懂國語嗎？我們是如何交流的呢？我同姐姐解釋道：「直覺溝通是超越語言的，有時是以畫面呈現，有時又會是一種感覺。而這個看不見摸不著的直覺，像是一個無形的終端處理翻譯器，使我和動物夥伴都能收到和聽懂對方所輸出的信息。」

待姐姐明白後，我們便開始了這次溝通。

我說：「HAPPY，還記得姐姐平時是什麼打扮嗎？」

HAPPY 給我看了一個畫面：畫面中，出現一個頭髮齊肩並戴著眼鏡的女孩，但臉部特征並沒有十分清晰。

我與姐姐確認，她平時是不是短髮，戴眼鏡？姐姐反饋，髮型沒錯，但一年前做了近視矯正的手術，已經不再戴眼鏡了，帶著疑點進行下一個問題。

我問：「這位姐姐大約多久來看你一次？」

HAPPY回答：「經常來看我。」

我又問：「你們兩個家離得很近嗎？」

HAPPY說：「很近哦！」

姐姐反饋，自己家和外公外婆家距離是非常近，之前幾乎每天都會去看HAPPY。

「HAPPY，你在家裡有沒有屬於自己的床鋪呢？」

HAPPY給我看了一個畫面：有一個淺黃色偏白的軟墊子和一個自製的木制房子（看上去有些簡陋，因此我判斷是自製的）。

姐姐反饋，曾給HAPPY買過這樣一款窩，顏色也符合。但木制的自製窩沒有印象了，可能是HAPPY小時候外公給他做的，也已經無法確認這個信息。

我繼續問道：「HAPPY，你平時吃什麼呀？」

此時，HAPPY傳給我一個畫面：一位老人家在給他做飯，裡面有飯有菜也有肉，看起來像是自製的鮮食，除此之外，平時還會有很多不同的零食，看起來吃的偏雜。而我想象中應該出現的狗糧，卻沒有出現其中。接著，HAPPY 又給了我一個畫面：看起來非常小的他，是被別人轉送給這家人。

姐姐確認道，確實，在家中，兩位老人都很寵 HAPPY，除了給他吃聞起來香噴噴的雞肝，也會用自家煲的肉湯，拌上飯，給 HAPPY 吃。雖然外婆的自製餐，受到 HAPPY 的青睞，但姐姐仍然希望 HAPPY 以健康的狗糧作為主食，但此時，大飽口福的 HAPPY 是怎麼也不會選擇寡淡無味的狗糧了。就好像我們大多數人類夥伴，在滿足味蕾的火鍋和健康的有機素食餐中，總會選擇前者。也因此，在 HAPPY 的記憶裡並沒有顆粒狀的狗糧出現。

而據姐姐回憶，二〇一五年冬天，HAPPY 出生在一位叔公家裡，姨丈去叔公家，在一窩小狗仔中，相中了他，小小的 HAPPY 便被姨丈驅車帶回了家，之後又被送到外婆家定居。所以，HAPPY 不是通過購買或者流浪時被收留的，確實是被送養的。

短短幾個問題，逐漸拼湊出HAPPY生命旅程的片段，家人對他的愛也隨之逐漸展開。

從狗狗視角看我們

在幾個重要信息確認後，HAPPY的姐姐基本認同，此時與我們連線的是HAPPY沒錯，於是我們正式進入主題。我詢問姐姐，「想對HAPPY說什麼呢？」

姐姐說：「我想知道HAPPY這些年在我們家過的開心嗎？覺得家人對他好嗎？」

接收到姐姐問題的HAPPY，立刻傳給我一個畫面：畫面中的他很開心，接著一位老先生出現在畫面中，而HAPPY因為老先生的出現，變得更開心了。畫面中的老先生對HAPPY有嚴厲的時候，但更多的畫面卻是老先生與HAPPY互動的畫面，陪著HAPPY嬉鬧玩耍。HAPPY覺得這位老先生對他特別好。而畫面中也會出現一位老婆婆的形象，老婆婆經常在忙忙碌碌，做著很多事情。HAPPY 最喜歡的時光是老婆婆拿著板凳坐在陽光下，而 HAPPY 會在那時去老婆婆的腳邊，和她在一起曬太陽。在 HAPPY 給我看的畫面中，HAPPY 是自由的；自由的奔跑，自由的玩耍。

給我看完畫面，HAPPY 對我說道：「我很喜歡他們。」

小姐姐告訴我，畫面中的老先生應該就是外公，老婆婆應該就是外婆，因為外婆會忙於家務，所以和 HAPPY 的互動比較少，但大部分洗澡和照顧的事情都是外婆在做。外公很喜歡 HAPPY，所以和 HAPPY 的互動會很多。在姐姐的記憶中，外公應該沒有罵過 HAPPY，或許是對 HAPPY 的訓練吧，反而外婆開玩笑的數落會多些。兩位老人對 HAPPY 的束縛幾乎是沒有的，確實給與他極大的自由。而此時，通過姐姐的反饋才知道，其實，外公和外婆才是 HAPPY 的直接照護人。

我接受到的那些 HAPPY 傳送給我的回憶畫面，每一個都帶著讓人舒服的溫暖，想是那些時光也總是溫暖著他吧！當姐姐知道HAPPY很喜歡兩位老人時，也是發自內心的開心著。

第一次從HAPPY的視角去看待曾經發生的事情，姐姐有種「啊！原來HAPPY是這麼看這件事的！」的了悟。

於是，姐姐對自己在HAPPY心中的形象也產生了好奇，以及想知道HAPPY覺得自己對他好嗎？這一問，卻牽出了個大烏龍。原來之前HAPPY提到的短髮女孩，是姐姐的表妹，雖然HAPPY也稱呼她為姐姐，卻是一位仍在念小學的小姐姐。

我們是怎麼搞清楚這個大烏龍的呢？因為被問到姐姐在HAPPY心目中的印象，HAPPY給我的畫面是一個女孩在書桌前寫著什麼，然後婆婆喊女孩去吃飯。在得知這個畫面後，姐姐馬上說，HAPPY說的應該是她表妹，因為表妹就是短髮、戴眼鏡，又經常在外婆家寫完作業後吃飯，而自己並未在外婆家寫過作業。

為了區分表妹和姐姐，我請姐姐傳送一張自己的照片給我，我試著將看到的畫面先在腦海裡描繪出來，再將這個畫面傳送給 HAPPY。

HAPPY 看到畫面後，瞬間認出了這位曾經照顧過他的姐姐。至此，大烏龍終於解開了。HAPPY 帶著委屈，讓我問姐姐，為何這麼久都不去看他了？接著，他傳送給我很多關於姐姐的畫面：姐姐會帶他去河邊玩耍，和他一起比賽跑步，帶好吃的東西給他，幫他按摩，而且每天都會去看他並經常問他：「HAPPY，最近過得開心嗎？」

HAPPY 表示，姐姐是家裡唯一知道他也是有著喜怒哀樂的生命，而不僅僅只是動物。隨之，HAPPY 又傳遞給我一種強烈的情感，那是一種被尊重後的感激之情，HAPPY 表示，姐姐懂我。

姐姐確認說，因為常常覺得 HAPPY 有種孤獨感，所以會想要好好對他，照顧他的身和心，而 HAPPY 也曾經是幫助自己走出陰霾的那束陽光。雖然自己不能聽懂 HAPPY 在說什麼，但她能從 HAPPY 的眼神中知道，HAPPY 也能懂她。姐姐說，HAPPY平時很酷酷的，但只要自己的腦袋被負面的信息侵占，HAPPY就會出現在她面前，並用他的鼻子摩擦自己的手，這可愛暖心的舉動，也在那時將陰霾擊退。

姐姐和HAPPY的連線仍在進行，我繼續為他們彼此傳送著訊息。

HAPPY說：「姐姐我很想你，希望你永遠開心，以後不能再陪你了，不開心的時候多吃點好吃的，一直很擔心你，很久不見你，也不知道你過的好不好。」

姐姐說：「我只是去很遠的地方讀書，不能經常去看你，並沒有忘記你。我一切都好，過的比以前都好，所以，別擔心。之前有跟你提過會去國外念書的事情，是不是沒有明白那會是一個很久的分別？」

HAPPY說：「是的，就是不明白為什麼，突然有一天最喜歡的公公不見了，最喜歡的姐姐也一起不見了，那時，真的好難過，不知道發生了什麼。覺得整個家都變得不太一樣，婆婆沒有以前開心了，還會經常嘆氣。對了，姐姐，你是最棒的姐姐，要對自己有信心！」

聽到這段話，姐姐確信的告訴我，這一定是 HAPPY，因為外公是在那段時間去世了。外公去世不久，她也去了國外念書。這個重要訊息，讓姐姐再一次確認是 HAPPY。

而姐姐收到的那句鼓勵，也讓她回憶起過去種種。姐姐告訴我，她忍不住想要流淚。那時的自己獨自承受著壓力和不被理解，常常會覺得自己不夠好，很沮喪，很負面。那句鼓勵的話語，讓她瞬間明白 HAPPY 的那些小舉動，真的不是偶然，真的是因為看出了她的不開心，真的懂她。HAPPY 陪伴一起走過的那些難熬的歲月歷歷在目。

雖然語言不通，但心有靈犀的互相理解和信任彼此的那份愛，也感動著我。

姐姐讓我轉告 HAPPY，HAPPY 是她走出抑鬱的重要力量，感謝他的出現。也讓我轉告 HAPPY，她現在堅強樂觀了很多，讓 HAPPY 放心，不用再擔心她。

HAPPY 收到姐姐的轉告後，想了想，讓我告訴姐姐，姐姐可以把他的照片放在身邊，這樣自己就可以保護姐姐，在姐姐再遇沮喪時，能夠給她力量。

姐姐卻說：「不，HAPPY，要好好去到下一個旅程。下一個旅程要活的好好的，去做自己想做的事情。在我們家時，對你的虧欠，姐姐很抱歉，但我們真的很愛你，真心希望你能找到一個很有愛心不離開的主人。」

HAPPY 聽完轉告，立刻嚴肅臉，很鄭重的說道：「姐姐別這麼想，我在家裡很開心，忘了我和你說的嗎？要記住自己是最棒的！我有感受到你為我所做的一切，所以，不要再說自己不夠好！」

姐姐收到這段簡訊後，發來兩個流淚的表情，我猜姐姐應該是在屏幕前看著文字流著眼淚吧。這個內心像太陽般的孩子，把我們心中的冰塊暖成了細流，流出了眼眶。

姐姐讓我轉告 HAPPY：「好的，HAPPY，都聽你的。」

聽到姐姐的回答，HAPPY 也即刻放鬆下來，沒有了之前的嚴肅。

姐姐繼續問到：「HAPPY，現在知道姐姐是去遠離家鄉的地方讀書了，所以不擔心姐姐了吧，姐姐也沒有拋棄 HAPPY，都知道了吧？」

HAPPY 說：「是的，一切都心安了。」

讓彼此放心

HAPPY 停頓片刻，突然給我一個畫面：陰天的房間裡，婆婆用帶著熱度的毛巾包住了膝蓋。HAPPY 讓我轉告姐姐，要幫助婆婆這樣做。

我告訴姐姐看到的畫面並和她確認，是不是外婆會有膝蓋疼的狀況，所以 HAPPY 想讓你在陰天時，多照顧外婆的健康。

姐姐表示，外婆確實有腳痛病，她會轉告自己的媽媽，並多多關注。

HAPPY 收到姐姐的承諾後，也放心下來。

但他沉思片刻後，似乎是感應到了姐姐仍然因為這次意外而對他懷有歉意，讓我一定轉告姐姐，他對這次意外的離去，並沒有任何負面情緒，反而是一種馬上要開始下一段旅程的輕鬆感，也請轉告家裡的大家，請大家放心，不要難過。

果然，姐姐聽完後如釋重負的說道：「這真是我聽過最好的消息了！」

我對姐姐說：「HAPPY 真的太暖心了，像個小太陽，和他在一起，會有很多勇氣，不再悲傷。」

姐姐說：「是的，HAPPY 生前，都會讓大家覺得他是個又酷又暖的狗狗。」

而前面那段對話，也讓我切切實實的體會到了，暖男 HAPPY 的暖。

稍作休息後，我對姐姐說：「HAPPY 給我的感覺是性格獨立，情感細膩的孩子。」

姐姐表示同意，她說：「之前還誤會 HAPPY 是不親人，但後來發現他的情感特別細膩。」

HAPPY聽到我們的談話後，讓我轉告姐姐，他不是不親人，而是，已經經歷了好幾次這般的狗生，有些無聊罷了。

聽到這裡，小姐姐驚嘆道：「我的天！這狗太好笑了！」

而我則感嘆到，HAPPY應該是來到凡間的天使吧！不斷輪迴於世間，只為教會我們如何去愛。這樣感嘆著，不知不覺又被那互相之間流動著的暖暖的愛給包圍了起來，如果不是精力有限，倒也不想就這麼快結束了這段聊天。

溝通接近尾聲時，HAPPY說道：「我大約三天以後就要離開了，會在一個雨天和夥伴們一起走。我下段旅程應該還是個狗狗，會是黑色的狗狗，不知道還能不能見到外婆，我應該還有好幾次的狗生要去體驗。對了，如果婆婆不會害怕的話，請幫我轉告婆婆，我一直很愛她，不能替公公陪你了，請記得要好好照顧自己。」

姐姐告訴我，真的，婆婆總是會害怕。

接著姐姐對HAPPY說：「如果以後被欺負了，記得要逃出去！如果可以選擇地方，記得去南海鹽步，這樣可能會再遇見我們。HAPPY，你是條好狗，也會是個好人，一定要心存正念，一定要做善良的人。希望你狗狗的旅程完全結束後，可以來我們家，當個小 baby。如果還要再體驗狗狗的旅程，記得多去周圍的佛寺聽聽佛經，多和老人小孩親近。」

我一一轉告給 HAPPY。HAPPY 認真聽著，也認真回答：「好的，姐姐，我都記下了，放心吧！」

姐姐轉告說：「我們可能還會養一隻狗狗，HAPPY 不要吃醋哦。」

HAPPY 回說：「不會，如果有一個新的夥伴能代替我照顧婆婆，我會更安心的。但是姐姐，要幫婆婆找一個性格安靜一些的，因為婆婆不喜歡太調皮的。」

姐姐說：「好，我們讓婆婆自己選。」

好好告別

時間匆匆，三個小時晃眼就過去了，因為精力關系，我的連線已經有些不穩定，為了避免因為這種不穩定而傳達了錯誤的訊息，在與雙方解釋並確認雙方的思念和告別都已經完成後，結束了這次聊天。

姐姐和 HAPPY 互道祝福和再見後，我也對 HAPPY 說：「小太陽 HAPPY，我們今天的聊天就到這裡咯，感謝你能夠敞開心扉與我們連結，祝福你之後的旅程一切順利，我們有緣再見啦。」

HAPPY 說：「好的，謝謝你，姐姐，再見了！」

HAPPY 在我腦海中的畫面慢慢褪去。

結束溝通後，照護人姐姐告訴我，最近她正好在期末考，HAPPY 突然不見，又突然去世，一想到就哭，晚上睡不好，現在總算心裡的這塊大石頭落地了。而外公去世的那一年，她的奶奶和家中好幾位親人，也相繼去世，她一直都難以釋懷。今天通過和離世的 HAPPY 對話，終於知道其實離世的人們，是不想我們這麼擔心和悲傷的，他們希望我們能過得好。這麼久以來堵在心中的悲傷也慢慢褪去了，她說：「很重要的一點，自己一定要聽 HAPPY 今天跟她說的話，讓自己變得更自信，更愛笑，更輕鬆的過生活。」

姐姐還告訴我，她覺得有了動物夥伴之後，感覺自己沒那麼多戾氣了，整個都人平和了很多。今天這件事情，真的是很好的緣分，讓她了解了自家狗狗原來是這麼想問題的，也確切的感受到大家真的都很愛彼此。

聽完姐姐告訴我的反饋，我也為姐姐和 HAPPY 高興，也在心中感嘆，毛孩子真是落入人間的天使啊！像是太陽溫暖著我們的心，教會我們愛和勇氣。而心若向陽，我們必會無畏悲傷。也希望正在閱讀這篇文章也曾經失去過寶貝的您，能夠帶著那份愛和勇氣，讓自己無畏前行。

我們三個分別在澳洲（姐姐），佛山（HAPPY）和上海（我），直覺溝通與現代互聯網，像是橋梁一般，連結起我們的內外世界，不得不感嘆宇宙的奇妙和緣分的妙不可言。

HAPPY的故事雖已結束，但我的奇妙旅程還在繼續，但願自己的這份能力，能夠幫助更多毛孩子和他們所愛的人。我願意成為橋梁，連結起你與動物夥伴的世界。

開啟動物溝通的老師

Jessica

自二〇一四年，因為想給自家老貓更好的生活，踏入動物溝通的領域，迄今已六年，熟稔各式動物溝通情況，長於找出問題癥結，並用更全面的角度協助委託人與動物夥伴創造更美好的生活及情感模式。

在多年的服務經驗中，深度了解動物與人們在現代社會中經歷生老病死，移居，領養，棄養，臨終等不同生命階段與狀態。身為動物溝通師，不僅是動物夥伴與人類家庭的連結者，更關鍵的是讓每一次諮詢，都讓飼主與動物，透過專業知識、可實踐的方法、包容及開放的心態，共同創造有品質及充滿關懷交流的三贏生活。

近年來開始專注於動物溝通與生活靜心的教學與推廣。

聯繫方式：Bluebetty2@gmail.com

珊迪

狗的名字叫珊迪，今年九歲，是一隻母的黃金獵犬；奶油絨色的披毛拖的老長，嶙峋的身軀上掛著拖地長尾，一派大型犬才有的威儀，栗子色眼睫毛下，咕溜溜的靈動眼神顯示著憨厚。

我們在某國立大學的工程科學實驗室裡，四、五個大男生或是站立、或是蹲下，觀看著地上那坨有如大抹布般的生物。

「珊迪！珊迪！」有著一頭黑色緞質般長髮的學妹喚著，一邊親暱的摸著這不知道哪來的黃金獵犬。實驗室當然是不能飼養寵物的。

「欸，他是哪來的？」一個子細瘦的戴著圓形金框的學長K問。

「我跟我弟去收容所認養的。」學妹說：「工作人員說再沒有人領養，就要安樂死了。」

「是喔。」一時眾人無語，珊迪安靜地趴睡實驗室的磨石地磚上，兩片長長的大耳朵貼著頭，靜默地垂靠在前肢上。牠的前肢因為歲月，關節有著深色的節結，曾經光亮的披毛因久居收容所也顯得稀疏而黯淡。

總之，珊迪成了這實驗室心照不宣又隱而不說的默契。工科實驗室大抵陽盛陰衰，縱然不是正妹，多個雌性生物也是有助於緩和氣氛的，就連脾氣暴躁的老教授推門進來都沒多說什麼了，珊迪也就在實驗室充當工作犬，名正言順地陪著一群困惑而躁動的年輕人測試演算法。

每一天，學妹牽著珊迪來上學。已是老狗的她，走起路來並不靈活，甚至顯得有些笨拙。學妹幫她開了粉絲頁「珊迪毛毛狗」：https://www.facebook.com/SandyGuaGua，裡頭盡是一些扮醜逗趣的照片，像是戴頭套跟蝴蝶結，或是去海邊晃悠。那時候我還沒學會動物傳心術這門技術，只是覺得珊迪真是異常安靜的狗兒哪，從不吭聲也很沒聽過她吠叫，口水倒是流了不少。

農曆年後，珊迪在學妹的悉心照料下，奇蹟似的又長出光亮的披毛，也開始變得親人，甚至會來搶食手上的香草聖代。

　　青春少女牽著大狗在夕陽光灑下的油綠草原下散步，細長的狗影與人走在一起。人生還是有簡單又幸福的可能呢，我是這麼想的。

心聲

　　學妹來找我時，珊迪已經十二歲了。四年過去，大家早就畢業各分東西，珊迪回到國境之南那個溫暖的城市，而學妹倒成了北京、上海、廣州等大城市的打工仔。對狗來說，別離的概念、人際關係總是太複雜；而能給予她的陪伴時間又太短。

　　又是春寒料峭的農曆新年，電視機裡是重播了八百遍的賀歲節目，臉書一聲叮叮咚咚，那久未見面的長髮女孩發來一條信息：「可以請你來幫珊迪做個溝通嗎？我們很好奇她之前到底過著怎樣的生活。」

　　四年來發生太多，那時我是初出茅廬的動物溝通師，執業紀錄中大多是些溫馨可愛不痛不癢讓人教導行走坐臥的貓貓犬犬，看來上天是看我過得太安逸才安排了學妹這個暗樁。

珊迪不是狗狗的第一個名字，在更久之前的名字叫做什麼，其實我也聽不清楚。只是珊迪給我看的畫面裡，她印象中最遙遠的回憶是小主人喚他的名。

當你是寵物時，跟了多少主人，就有多少名字。

畫面中的小主人大約五、六歲，還有一個大一點的姊姊；珊迪也青春，看樣子是來陪伴跟照顧小主人的工作犬。

每當孩子上街，珊迪就盡職的陪伴在側，陪他過馬路、看車，放了學等他回家。每一天重複的生活：吃著飯碗裡的乾糧，被小孩胡亂地撥亂毛髮，躺在白色磁磚面著窗地面，一樣曬著夕陽。

「我很幸福。」珊迪說這句話的時候，身為溝通師的心暖暖的。這是珊迪的感受，像是冬日的暖陽。也就是那時候理解了，身為一隻黃金獵犬，擁有家人，只是無條件的陪伴，就已經是她的全世界。

畫面跳轉至灰色，日復一日，年復一年，時間流逝，就像有看不見的指針跳轉至下一段記憶。

靠著海邊的公路上是一輛摩托車，紅色安全帽的女子在後座，不捨又驚惶的看著後面。

遠遠的，一叢金黃色的身影，奔跑著，試圖追趕上那台摩托車。

「汪汪！」

我聽不到那女子再說什麼。她只是伸出手來，而駕駛催了油門，金黃色的影子在後面奔跑著，有些費力，直到那抹身影成為地平線上的黑影。

珊迪說，後來他待的那戶人家搬了家，他被轉手給一對年輕的情侶。姊姊是個溫和的人，但終究人的世界太複雜，他在第二個主人家待了三年後，有一天就被帶到海邊了。原以為是一次散步，但主人卻沒再讓他上車回家。

後來怎樣輾轉流落至收容所，又是另一個故事。珊迪沒有再說，而我早已淚流滿面，竟不知要如何打字才能將訊息完整地傳給學妹。

溝通完又不知道過了多少日子。我看到學妹臉書上一則關於珊迪往生的貼文，「終於可以回家了呢！珊迪，這一次，請永遠幸福。」

——謹以此文紀念開啟我動物溝通道路的老師，珊迪。

所以就覺得這次寵物溝通實在太神奇了！

接下來是時序的勘誤，但我認為你文章流暢就好，不必強求時序的正確

其實跟珊迪溝通是領養的第二年，我們還在台南的時候 應該是我的碩二 那時候珊迪的確是比較健康的毛色了

之後珊迪就一直跟著我移動，到台北工作也一起到台北生活，最後在台北過世

最後再勘誤一個小地方，珊迪的粉絲頁是「珊迪毛毛狗」xD

真的很謝謝沛淳還記得珊迪

看著你極好的文筆寫下這篇溝通回顧文真的讓我好感動

在珊迪過世後我太悲傷以至於有點影響生活 有買了一些寵物溝通的書籍來安慰自己

（對不起我之前不敢打擾你 也知道你之前有立下不跟過世寵物溝通的規則）

我看了一本《永恆的禮物：對於失去摯愛動物伴侶如何調適》才稍微釋懷一些

我覺得幸運的不是珊迪，而是我。因為他，讓我成為一個更好也更有愛的人

相信珊迪是認為自己完成任務了於是就好好地離開了

謝謝你記得她 T_____T

Hi　沛淳，
你好厲害都可以記得這麼多內容
其實跟我記得的相去不遠，但我還可以補充一些
到現在我還是清楚記得你跟我說的每一個溝通的細節
也還記得我在火鍋店跟良達分享時邊笑邊大哭
到現在我還是會跟身旁的人分享那一次的溝通
我那時候請你問珊迪的問題是
為何你每次看到大狗都會狂吠呢？？看到體型比自己小的狗就不會
然後沛淳就跟我解釋了因為珊迪要保護小主人的那一段（第一段主人的故事）
之後就是被丟棄的故事
然後有一段我覺得最精采的部分也讓你回憶一下
但為了文章流暢度你也不必加入沒關係
因為沛淳要跟珊迪溝通那天並沒有事先跟我通知
所以沛淳絕對是不知道當天我帶珊迪去做了什麼事所以才顯得這段溝通有多麼神奇
當天沛淳有跟我說珊迪想說的話
「謝謝媽咪把她領養回來 她只要有個家可以安心的養老就好 她不喜歡跑步 希望媽咪不要逼她跑步」
然後其實當天下午我的確是有帶珊迪去大草原跑步，而且是有點半強迫的希望珊迪多動動

家有俏龜妞

黃心伶

我是 Miki，一位先天敏銳體質的身心靈工作者，服務時間十年有餘。專長：靈性透析、催眠引導。在一次機緣下展開了動物訊息溝通服務，開啟我和動物生命情感的接續。因為有過去的靈性服務的經驗，讓我與案主在訊息溝通上更得心應手，即使面對人類或寵物生命死亡至蛻變後，無需等待蛻變的過渡期間，隨時可以依緣份和需求為雙方做心靈交會與道別。

芯靈工坊負責人、美國 NGH 認證催眠師、美國 NGH 認證催眠訓練師、藍海家族系統排列師、靈性透析諮詢師、臼井靈氣與阿育吠陀二階靈氣師、「亞洲動物溝通師聯合認證」動物溝通師。

相關服務訊息及課程活動，歡迎 FB 搜尋「芯靈工坊」或寄信至 soul20160106@gmail.com 聯繫。

芯靈工坊粉絲團：https://www.facebook.com/spiritpith/

龜的心靈呢喃

我是龜龜，媽咪最愛的龜女，有著兩片紅通通的大腮紅，是隻不用化粧就很可愛的巴西龜！平時最愛賴在媽咪身上發呆，放風的時候，最愛追著媽媽跑，只要她一停下腳步，我就泰山壓鼎在她的腳背上，提醒我點心時刻到了。如果媽媽不理我，我就去吵龜嬤要媽媽抱我回龜窩吃飯，然後媽媽都會偷偷戳我的鼻子說：「鬼靈精，你又得逞了！」如何？我很聰明吧！

好多龜粉都誇我：「龜女，你已經是巴西犬等級，IQ 接近邊際牧羊犬。」

我也這麼覺得！

每次自己吃飯飯，媽媽常會笑我沒對準食物撲空去撞桶子，都快變成豬鼻龜了，後來我索性和她玩接飯飯遊戲，省得麻煩。身為大小姐的我，如果被冷落就會把整個地板潑的到處都是水，罰媽咪當「跪婦」擦地板。這些已是我和媽咪多年來培養的默契、也是傳達愛和心靈互動的時刻喔！

前世緣．今生情

我是Miki，寶貝龜女的奴才媽咪，從小就是烏龜迷。每當抱著烏龜時，總是不禁手癢想拉拉那肥美的腿庫，戳戳那被擠出來的龜肉。尤其最喜歡看著烏龜微笑的嘴巴及呆萌的憨臉，這個時刻我的內心完全被療癒，身體的疲累也會瞬間放鬆下來。

曾經，龜龜好奇地問：「媽咪，你為什麼那麼癡戀我？喜歡把臉貼在我的美背上，我每次都很好心的借你躺一下下。」

「人小鬼大，還『癡戀』咧！因為你身體冰冰涼涼的，夏天最消暑了！」

與烏龜間有著莫名的情感，讓我更想了解與烏龜的緣分，因此藉由催眠回溯，回到與烏龜相遇的那一刻：回溯當時，我是隻隨著季節變化需南下渡冬的候鳥，受到體能和海域距離的限制無法隨時停下休憩，正當精疲力竭的時候遇到了浮出水面準備換氣的海龜，讓我得以在那堅固龜殼上短暫停留並養精蓄銳足以迎向下一段航程……或許有這段緣分的連結，貼著龜背總讓我有種被守護的安定感油然而生。

相伴倆相隨

Miki：「龜——你還記得來到這個家的樣子嗎？一隻黑不溜丟、身材乾癟、皮膚還帶有一些水霉，看起來沒什麼活力，下水後身體還傾斜而且浮浮沉沉，不到十元硬幣大小的你，都要用兩隻手指『捏』著你都怕傷到你，現在長大了……皮到只會欺負我。」

龜女：「我是優質潛力股，現在是健康美少女。」

Miki：「當時我即將大學畢業，面臨畢業壓力與就業的抉擇，快喘不過氣來。每天忙得像陀螺一樣，能與你相處的時間著實不多。一天最期待的事，就是回家後立刻跑到龜窩看著可愛的你。」

龜女：「那時媽媽都會將飼料扳成三小段哄我一口口吃下。等我吃飽喝足後，就抱我在書桌前陪伴你寫作業。」

Miki：「結果你這個小搗蛋總是爬來壓住我的作業。每次挪開你這顆『活動紙鎮』，沒多久就又故態復萌，還一臉看你能奈我何的表情，讓我又愛又氣。」

龜女：「誰叫你都不陪我玩，最終你還是投降在我的霸道下，將我放在你的大腿上，要我玩累了就自己找舒適的姿勢睡覺。」

其實我知道真正需要被陪伴是我，是我被療癒了。一個遊子在外打拚，每天辛苦到深夜，帶著疲累身子回到租屋處，面對的只有冷清的房間，這時龜女就是那唯一的溫暖，也是等待著我回家的家人。

獨特睡覺Style

Miki：「龜，你的睡品怎麼到現在還這麼不好啊？」

龜女：「唉喲，人家就是喜歡在你身上鑽來鑽去，聞聞你的味道啊！我喜歡你哄我如嬰兒般溫暖的感覺。」

Miki：「但是睡到半夜時，習慣性的像夢遊一樣爬到媽咪的脖子旁或壓在肩膀上繼續睡的香甜，有時候起床會全身痠痛耶！」

早起的龜女很貼心，從不打擾我睡眠，只會伸長脖子盯著我瞧，一旦被她發現我醒了準備賴床，就會快速地從我臉上霸氣踩過去或者直接壓住胸口，吵著：「太陽曬屁屁了，還不起床！」

我只能大喊：「哇嗚～寶貝啊！你已經二公斤多，還一直往我胸口壓，快斷氣了，龜壓床啊！」只能安慰自己這是甜蜜的負荷。

許多人問我，龜女尿床了怎麼辦？其實和龜龜從小睡到大，我們早已有默契，讓她有足夠時間飯後運動，才會抱上床睡覺，如果還想要回龜窩，表示想要上廁所，要是不信邪，就等著把屎把尿吧！

吾家有女初長成

隨著龜女日益成熟，開始做出用後腿刨地或踢腿行為，後來這樣的動作愈來愈激烈。我還抱著想往內鑽的龜龜：「龜，你怎麼了，為什麼今晚特別躁動，一直用腳踢我？」

龜女哭喪著臉說：「媽媽，龜龜肚子不舒服。」一時間推算正是性成熟的年紀，行為確實像懷孕前兆，馬上設置產房後，經過一天一夜觀察，情況不太對勁，送醫檢查後確定烏龜已超過生產期，必須馬上催產。醫師建議如果沒打算要龜子龜孫，最好利用懷孕時期幫龜龜做結紮。因為烏龜像家禽一樣不受精也會產蛋，每年需要多次準備產房，產蛋數量還會年年遞增，而且每次都會有卡蛋風險，這些危機狀況都是飼主該衡量的。當時龜女的狀況緊急，我只有一個晚上的時間思考，在生命危機與生育權利的衡量下，最後決定幫她做結紮手術。

龜女開刀期間，我不斷的使用「靈氣」，呼請宇宙最純淨的能量，編織成光與靈氣的防護光球環於現場，源源不斷的能量光滋養、包圍著在場的人，並守護龜寶不受干擾順利完成手術任務。術後探視，醫生說龜龜看起來除了有點憔悴以外，大致狀況良好。直到第六天，媽咪興奮的總算可以抱著烏龜：「龜，剛剛詢問在樓下詢問你的復原情形，結果大家一致比著這裡說：聽！樓上傳來陣陣的撞擊響，都是你家孩子製造出來的，相信她恢復得相當好。現在大家都認識你啦。」

龜龜：「媽咪，那我可以回家了嗎？」

我回應著：「寶貝，醫生叔叔說你要還要留院觀察，媽咪會一直等著你回家的。」

龜龜：「我不要！不讓我離開，那我要吵到他們把我趕回家！」

龜女不在身邊的日子，好孤單好寂寞，尤其又在網路上看到網友與其寶貝的互動，而我只能望著空盪盪的龜窩思念：龜，我好想你哦！

成為動物溝通師

一段網路離世回顧文，開啟我可以傾聽動物內心世界聲音的能力。除了人類，我還可以幫助寵寶們與飼主溝通彼此的想法並讓雙方的愛相連。

這契機讓我開始接觸動物溝通，而互動的第一個對象就是龜龜。第一次和龜女頻率同步時，發現原來烏龜脖子伸久了是會瘦的！不管再怎麼努力伸長脖子，還是只能看到地板！同時也聽到龜女的心聲，她忽然冒出懇求的聲音說：「媽咪，我不要留在空空的地板上，我寧願躦那些窄窄的桌腳，因為那地方有你在。」這種複雜的情緒，讓我無法言語。

我內疚的跟龜女道歉：「媽咪所作一切出發點都是為了你好。寶貝，媽咪對不起你，現在我才了解你的想法，我會重新思考對你更好的方式！」此事讓我整整心痛了兩天。

當時，龜女生長期間，龜媽每天總是早出晚歸，擔心早晚溫差讓她吃不消，只能安置在室內，龜龜長期缺乏陽光照射又因學習到錯誤養龜資訊，造成人家俗稱的「飛碟龜（軟殼症）」。

擁有工作室後，隨即打造小花園供龜龜使用，試養幾天後，仍不斷撞門，藉由動物溝通方式，龜龜認為是她將被遺棄，不願留在小花園裡，吵著要回家，想留在有家人的地方，即使沒太陽曬，場地又小，都不重要。最後和龜龜協商：「我們先留在家裡，等過了冬季後再試著接受小花園好嗎？我答應你，每天下班後就接你回家。我希望你永遠的健康、快樂的長大。」終於龜女妥協了，接下來如同一般父母接送小孩上下學的模式，正式開始龜奴般的生活。

某天，利用午休時間回到工作室，看看龜龜環境的適應情況，小傢伙看到我開門，以為要接她回家，趕快跑到門口討抱抱。我跟龜龜說：「還沒呦，還要一個下午才要回家。」沒想到大小姐身體一轉，直接走回水池，一個躍升，玩水去，留下一臉錯愕的媽咪。真正要接她回家時，反倒不太願意走，直接轉頭去玩了。突然，讓我心裡產生了一種莫名的失落感：媽咪不重要了……

周年慶的大禮

和龜女相遇正好滿十周年，為了感謝龜女來到我身邊，決定奉上全套健康檢查，希望對龜女的健康更深入的了解。

這天，醫生要抱她去檢驗時，龜女還送上不少的爪痕，不斷吵著：「偷龜～有人要偷龜啊，媽媽救命啊！」媽咪還幸災樂禍的告訴龜女：「你也太誇張了，乖，挨一針就好。」

龜女被送回來時，委屈地往我懷裡鑽，說：「龜龜痛痛，叔叔好粗魯喔！」

檢驗結果出爐，醫生臉帶凝重走回診療室說明那滿江紅的健康報告，脫水現象、慢性發炎……特別是腎臟疾病，若沒有被發現，龜女大概只剩十多年的壽命。天呀，真是晴天霹靂的結果，難以想像眼前還活潑亂跑的長壽動物，竟然被醫生宣告存活年限，身為媽咪的我好自責，哭到臉都皺了，不知所措的醫生不斷安慰我：「你做得很好，還好你有送龜女這套健康檢查，這錢花得很值得，我們還有機會幫助她恢復健康……」待我情緒恢復後，醫生繼續分析著龜女的病況。

醫生說烏龜有這樣的病徵，可能真的生病或者懷孕。但是龜女已經結紮三年，龜媽另外花費照超音波來確認病因，沒想到龜女真的又中獎了。醫生表示：「當初使用內視鏡手術，視野小，加上濾泡未成熟，沒取乾淨造成的。很不幸，龜女就是那２%中會復發的幸運龜。因為結紮過，身體已無法自行排出卵黃，如果不手術，在腹中久了，最先會四肢無力，最嚴重的會因腹膜炎而死亡，所以必須立即安排手術時間。」

原本帶著愉快的心情，送龜女大禮，卻演變成當晚必須緊急手術。離開醫院，立刻哽咽的打電話跟家人報告這個壞消息，龜嬤開玩笑的說：「阿娘手術住院都沒見你哭，烏龜住院，你卻哭得唏哩嘩啦的……」

二次結紮，醫生特別仔細檢查、謹慎處理，手術時間也比原先預定時間拉長很多而引發呼吸道感染，必須另用抗生素治療。隔天，看見全身軟綿綿的龜女動也不動，比起第一次手術狀況，真的虛弱很多，看到醫生取出的卵黃有些已成灰黑色的，我很慶興，還好發現得早！

此次龜女住院將近十來天。醫生表示龜女一直在縮在病房角落不吃不喝，請家屬嘗試餵食。當下我感受到龜女身心一直處於很緊迫的狀態：皮膚緊繃、下腹部漲漲的。乾燥的空氣、很多陌生人進出、四週圍繞著各種不認識的動物，讓龜女很沒安全感。之前辦理手術程序時，還來不及對她說明狀況，就讓原本安然在我懷裡的龜女，在沒心理準備下被快速抱走，想必她一直到現在都害怕著。

探視時，我不斷哄著龜女道歉並說明狀況，她的身體才漸漸放鬆，總算願意賞臉喝術後的第一口水了。

龜女緩緩詢問著：「媽咪，這裡好恐怖，我什麼時候可以回家呀？我不想要留在這裡，皮膚好乾喔，我想要玩水！」

我說：「寶貝，媽媽答應你，只要你愈來愈強壯，醫生叔叔評估你可以回家，媽咪一定排除萬難立刻來接你，並且答應你，不管如何一定讓你泡澡！」

果不其然第二天一早接到院方通知，龜龜可以出院了。回到家後，感受龜女想泡水的想法愈來愈強烈，但醫生怕傷口感染交代七天內不能泡水。為了實踐我的承諾，塗上網友介紹的防護藥膏，並留心防護著傷口，陪著龜龜玩水。

那時最深刻的畫面，是龜女進入水中後，明顯感受到她大力地呼了一回氣、皮膚一吋一吋的放鬆。心情愉悅回到熟悉的家，看著水中不斷冒著泡泡，知道龜女正在盡興的排氣排尿，並且像女王般開著菜單：「我想要吃乾乾、高麗菜、魚片、蝦肉……」

「好好好，你想吃什麼媽媽都搬給你！」完全恢復吃貨的狀態，沒有前一天的不適感，著實讓我放心不少。龜女術後復原速度比醫師預計得快很多，除了抱她出來檢視傷口，其他的時間都待在水裡。回診時醫生都非常驚訝龜女的變化。這段時期我非常慶幸我是一位動物溝通師，我有能力了解她的需求配合醫生醫囑，讓龜女迅速的好起來。（註：請依醫囑謹慎評估適用性，勿任意變更）

烏龜教會我的事

寵物無條件的愛和真誠，是人和動物之間情感支持的根源，特別帶有一種革命的情誼。這是很多沒有飼養寵物的朋友無法理解的。

醫生說過：「最好的飼育環境，就是回到最原始的狀態。」我赫然發現，和烏龜同睡，原希望母女倆可以多一些相處機會，也避免加熱器燙傷寵物的意外，卻忽略正常的澤龜是不能離水四小時；特別冬天在上床睡覺，和回到水裡的溫差，對變溫動物來說是激烈的。所以當時龜女有脫水現象和特定時節感冒，全來自我錯誤的「自私」和「認為」，是我過度的呵護，無形中都在挑戰她的健康。為此我重新學習放下我過度的關愛，甚至改正教養方式，還給龜龜正常的生活環境。

烏龜屬於慢活動物，通常對自己的狀態很無感，等到烏龜明顯出現病癥時，通常都快回天乏術了……是她提醒我，有些動物生病時不會輕易示弱的習性，可能是基於「弱肉強食」的環境，或者是貼心的不想讓飼主擔心。

因此在每次動物溝通時，我會特別留意，不該單單以動物本身的角度去感受她的感受，還必須更仔細的去了解、觀看他們身心或習性的變化。因為有過去錯誤養育的教訓，提醒我注意寵物與飼主的互動狀況與養育理念，再配合醫囑，暸解真正需要「被溝通」的是誰！藉此協助他（她）彼此暸解達到心靈契合，讓愛持續長長久久。

- 宣導：巴西龜為外來物種，已造成生態上的破壞，想養巴西龜時，建議領養代替購買！
- 名詞釋義：「靈氣」，一種能量療法。一種來自宇宙的生命能量，充滿在浩瀚宇宙中。只要經過點化，靈氣就會透過我們的身體，從雙手自然流出，源源不斷，取之不竭用之不盡，而我們的身體只是靈氣的管道而已。

我的動物世界

Clover

我是 I need u ™寵物品牌的創始人，也是一名中級寵物營養師（正在繼續學習提升更高級別的）。同時我是一名理性的個人動物救助者。三隻狗狗的姐姐。

認識動物溝通的起初：因為我的寵物品牌的關系，認識了一位讓我接觸到動物溝通的朋友。剛好在救助過程遇到了困難，請她幫忙溝通後，感受到動物溝通的存在對於我們了解動物的內心想法和感受，是多麼的重要也可以解決很多初次接觸上的難題。所以很想學習並通過動物溝通的能力，去幫助身邊的動物救助人和飼主了解自己動物的心情和想法，作為橋梁幫助動物和飼主相處的融洽愉快。

自己接觸的感觸：一直覺得動物是世界上純淨的生命。他們簡單、聰明、又善良。我在動物溝通練習的時候，發現很多飼主自身的行為、偏心等導致一個家庭內多隻貓咪、狗狗成員的不合，但是他們並沒有埋怨飼主，只想表現得更好去奪得飼主的喜愛。那種不求回報的心，讓我覺得作為人的慚愧。

動物溝通專長；對心情、環境畫面、顏色比較敏感，可以幫助飼主了解動物的心情及感受，協助彼此知道問題发生的原因，去幫飼主更好的和動物相處。暫時不做離世的溝通。溝通方式：照片形式。

在我還很小的時候，動物似乎就已經跟我結下了不解之緣。幼兒的時候在家養小烏龜、小鳥。周日不變的活動是和小朋友們去公園餵金魚。當然，無論什麼時候，最喜歡的還是和爸爸媽媽一起去動物園。

與動物在一起，我總是被輕鬆和愉悅包裹，情不自禁露出笑容。也正因為這樣奇妙的化學反應，不知不覺間，家裡竟然已經有了三隻可愛的狗狗。他們一直溫暖著我，陪伴著我渡過了十年或喜或憂的漫漫時光。

對寵物而言，飼主的陪伴是最好的禮物。而我因為工作關係，近幾年幾乎很少有時間陪伴我的狗狗們，這也一直是我心中隱隱的愧疚。幸好父母一直幫我陪伴在他們身邊，減少了我內心的絲絲不安。

家裡有寵物的人或許都會有這樣的感覺：因為自己有狗狗和貓貓，就會經常不自覺地注意街邊的流浪貓狗；一邊是我們熟悉的溫暖陪伴，另一邊卻是充滿陌生、危機四伏。

也許是因為不忍心，也許是因為這樣一絲刻骨銘心的感同身受，我慢慢地走上了動物救助的道路，並且持續了三年。

在動物救助的路上我認識了很多志同道合的朋友，在救助過程和領養過程中，也遇到了動物不配合、不適應等各種問題。那時候我就想：「如果我們能瞭解他們在想什麼，是不是就能減弱他們內心對人的恐懼，更能接受我們的幫助了呢？」

記得去年，我遇到了一隻正在流浪的薩摩，他的毛被剪掉了，而且剪得很難看，身上也有皮膚病，還有得了癲癇病留下的後遺症。周圍的人都不敢接觸他。我沒多想就把他帶走，送去動物醫院。但沒想到寄養的過程中，他竟被醫院投訴徹夜狂叫。

面對這個棘手的問題，我不知所措。碰巧那時候認識一個動物溝通師朋友，我就好奇向她諮詢了這個情況，狗狗為什麼一直叫，有沒有什麼辦法解決。感謝這位朋友既專業又熱情，她幫忙做了溝通，告訴我，狗狗是因為突然的恐懼，他不知道為什麼被帶上了車，為什麼被關在不熟悉的地方，所以才會叫，而我需要和他解釋一下。於是我花了一上午和這隻薩摩談心，之後他再也沒有亂叫過，也很快很順利地找到了新家。

由此開始，我對動物溝通師產生了萬分的好奇和強烈學習意願，也遇到了現在的老師們。在他們的教導下，我經過專業而系統的學習，有了一個新的身分——動物溝通師。

從我練習開始，就感受了周圍朋友對動物溝通的強烈需求。身邊的救助人和飼主都有著各種和寵物溝通的疑惑，或者是對寵物的腦袋中的想法好奇。所以在工作之餘，我會儘量幫身邊的朋友做動物溝通。在溝通中，我也結識了各種各樣的狗狗貓貓和他們的飼主，在說明他們認識和解決生活癥結的同時，也瞭解到一個個悲喜交加的人寵故事。

執著尋求關愛的「獅子貓」

這隻高冷的貓叫阿比。他突然開始在家亂尿尿，尿沙發、尿插座，還會和別的貓打架，不僅讓飼主覺得頭疼，在我們外人眼裡也真是一隻不安分的貓。

跟阿比的溝通，我選擇了一個安靜的夜晚。我聽著音樂，唸完禱告詞後，慢慢讓自己沉浸下來，進入狀態……我想像自己在草原上，看到了一隻獅子一樣的大貓。他走路雄威有氣勢，似乎整個草原只有他才是王者。慢慢的，這隻大貓靠近，一搖一擺，低頭直視前方，從我身邊擦肩而過，在不遠處趴了下來。

「Hello，阿比。」我輕輕問候。

大貓傲氣地瞄了我一眼，一股冷漠難以靠近的感覺。

我慢慢輕輕地走近，蹲在他身邊，他沒有因為我的靠近而離開，還是繼續側躺在那，半瞇著眼。

我開門見山說：「你的媽媽希望我和你聊聊天，想問你，沙發上的尿是不是你尿的啊？」

氣氛冷了一秒鐘……

「對啊，是我幹的。」他不屑地回答我。

我有些意外他的誠實，和我想像中的不一樣，我以為他會狡辯或者撒謊。

我接著問：「那為什麼呢？沙發弄得臭臭的，媽媽都洗了好久呢。」

他很快就回答道：「因為我想趕走那些貓咪。」

「你想趕走他們？他們有的都比你年長，而且也沒有欺負你啊！」我問。

「我想要當老大，我覺得我是老大啊。」頓時空氣中充滿了滿滿的自負感，「我那麼聰明，那麼帥氣，我當然應該是老大啊！」

當我把這些話和感受告訴飼主的時候，飼主承認了。說他真的是像獅子一樣走路，目無他人。

當我確定我的感受後，我繼續和阿比聊天。

阿比說他想獨佔媽媽，覺得家裡貓太多了，希望媽媽可以多陪伴他，多愛他一點。

或許這是貓咪的天性吧，與生俱來的佔有欲。

接著，飼主讓我問阿比，把他關籠子會不會不開心？

阿比疑惑的問我，為什麼要把他關籠子。

我問了飼主以後，才知道，因為他拉肚子所以把他關起來了，需要餵藥治療。

瞬間高傲的阿比，變得蠢萌，他不理解為什麼是拉肚子關籠子？他以為是因為亂尿尿。他說他可以忍得住大便啊……

這句話讓飼主笑慘，因為他是拉肚子，其實在他不經意間，就已經大便了，所以才要關籠子……

我瞬間覺得阿比又可愛又可憐。

我繼續和阿比聊，試探性問他，是不是家裡有他不喜歡的小朋友。

剛問完，我就看到了一隻胖胖的屁股，黃棕色和白色相間的花紋。大貓咪背對著我坐在我面前，我想這是阿比看到的樣子。

阿比看到他的背影就想用爪子去偷襲他的腦袋，看樣子很討厭他。

我也是旁敲側擊的和飼主溝通後，才知道原來阿比是新來的貓咪，這只黃白相間的貓咪是家裡的原住民。

因為阿比不喜歡原住民，所以總是和他打架，飼主總是很疑惑為什麼要打原住民。而且家裡還有很多其他的原住民。並且他最討厭的原住民是個女生，阿比是男生，正常應該不會發生這樣的事。

我向飼主瞭解他們打架的時候，飼主會怎麼做。

飼主說，普通打架的話，一般也不會干涉，但是打得很厲害的時候就會去勸架。

我繼續問：「勸架，是保護誰多一些？批評誰多一點呢？」

飼主說她會批評阿比，保護原住民，因為阿比先打架的。

我好像明白了什麼。我繼續找阿比聊，我說：「阿比你是吃醋嗎？」

阿比坦白說：「對啊，我希望媽媽多在意我，也想引起媽媽的注意。」

我和飼主又繼續聊著勸架的問題。聊著聊著飼主終於告訴我，原來阿比討厭的原住民是她的最愛。

一切恍然大悟……

我和阿比商量著說，如果媽媽以後多些時間陪你玩，你會覺得心情好點嗎？

他說會，但是還是希望自己當老大，想把他們都趕走，就自己一個貓可以獨佔媽媽。

他總是重複著這句：當老大，獨佔媽媽。

我們第一次的溝通結束後。我和飼主聊了很久，也聊了一些關於她相處多貓時應該注意的行為動作。也決定給阿比一些獨處的時間，讓他感受到多一些飼主的關愛。比如：下班後或者睡前，可以單獨在只有自己和阿比的房間裡，一起玩一起互動。

如果打架，公平的勸架，不偏袒。

並且也真實的告訴飼主，阿比希望自己當老大的想法。

過了兩周，我找飼主瞭解阿比的近況。飼主告訴我，因為他還是無法給阿比獨立空間並且處理他和其他貓咪的生活環境。阿比開始變得憂鬱、焦慮，連毛都掉了。

飼主希望我做第二次溝通，問問他是否願意去飼主姐姐的家生活，那裡沒有其他的貓咪。

那時我記得阿比思考了一下，便同意了，願意去新家試試。

再過不久，我跟阿比有了第三次溝通。

那時，看他的狀態好多了，比較平靜，趴在飄窗上看著窗外的風景，尾巴慢悠悠的左右搖擺著，悠然自得。一切都格外的安靜平和，但又有點冷清。

我問新飼主，是不是新家都沒有什麼貓咪的玩具，也沒有什麼窩墊。

飼主回答是的，她是個新手媽媽。

阿比說，他一個人在家的時候可以聽點音樂，也希望家裡可以多放一些柔軟的窩可以到處睡，還想要一個貓爬架，可以爬、可以登高。

我心想，哈，他真的要求好多。

好在新媽媽都答應了。

我問阿比：「你現在心情如何？」他說，「輕鬆自在多了……」

又隔了快一個月後，收到新飼主的訊息，說阿比的毛又長出來了，心情很好，也開始會玩玩具到處跑了。

我也很高興聽到這些。

雖然有些波折，卻是個美好的結果。

其實回想起來，阿比的獅子般威武的外表下，內心卻是心思細膩柔軟的小貓，可能也是貓的天性關係，他們希望被關注，被獨寵。其實飼主的愛他們都感受得到，有時候他們也並不是存心想搗蛋，而是想讓飼主注意他，多愛他罷了。

永遠的公主

這是我成為動物溝通師後，第一次在整個溝通中我一直掉眼淚。感受到動物無助，卻又不帶恨意的悲傷。

我的一位好友，也是一個救助人，有一天她突然傳資訊告訴我，說她救的貓得貓瘟了，住院醫生說狀況不太好。

她想讓我傳達她的心思給這隻貓咪，給她一些力量。我當然馬上就答應了，並且在辦公室就做起了動物溝通。

那是一個灰灰的房間，一切都是灰濛濛的，沒有陽光，只有灰塵在空氣中飄。

就看到一隻很小的貓咪睡在白色的軟軟的布上（和救助人確認後，是尿片和下面墊的毯子）。

她背對著我，完全沒了力氣，癱軟的躺著，呼吸也很微弱。

她努力的將眼睛睜開一條縫，想看我卻又抬不起頭，又繼續合上了眼睛。

她叫花花，才三個月，剛被救助人救助沒多久因為感冒一直沒好，卻變成了貓瘟。

救助人讓我轉告花花，說她愛花花，希望她能堅持下去。

花花只是輕輕的應了一聲：「嗯。」

花花內心傳達給我：想曬太陽，想看到陽光。

可是救助人告訴我醫院的病房沒有陽光，也照不進陽光。

花花繼續表示，醫生對她好像很無力，覺得好像沒什麼辦法的感覺。

我一直在一邊靜靜地看著她的背影，告訴她，希望她加油，希望能熬過去。

我把我感受的一切和救助人說了。救助人突然讓我轉達說：如果能堅持七天，她就帶花花回家，就有家了。

我激動得立即和花花傳達了這句。瞬間我感覺到自己眼淚掉了下來。

灰白色的畫面發出了金黃色的亮光。有一道陽光般的光照了進來。一切都變得溫暖了起來。

花花竟然也抬起頭，睜開了眼睛，眼角有一點點的淚花。清楚的看到她在笑。

她逗趣的說：「七天啊，太長了，三天好不好？覺得七天堅持不住呢！」

救助人答應了，說就三天，過了三天就是有家的孩子了。

這個對話的畫面，我每次想到時依舊會鼻酸、紅眼眶。

真的不知道怎麼用文字去形容：原本一切都冷的環境，突然變得溫暖，好像充滿了力量。沒有力氣的花花，因為一句話，充滿了期待和力量。

只是一句話——你有家了——比我愛你，還要給她力量。或許吧，她是從出生就在流浪的小動物，家的溫暖對她來說一直是種奢望。

而在這時有了希望，是可以實現的真的家。

我並沒有告訴救助人我的真實感受，覺得花花可能撐不過三天。

或許我也希望會有這種奇蹟的發生……

愛是偉大的，有著可以消退黑暗的強大力量。

家是溫暖的，像冬天裡的陽光那麼溫暖舒服。

最終，當晚十一點多的時候，救助人再去醫院探望過花花後不久，花花就去世了。

事過很久後，剛好因為要寫這個故事，我問花花的飼主要花花的照片時，飼主還是充滿著愛意，說：「瞧，我們家的花花，是不是一隻漂亮的公主……」

有思想、愛自由的寶寶

前不久受朋友所托，接了一隻走失狗狗的案子。因為他走丟了所以飼主特別的著急。

我當然也能理解自己家寶貝走丟的心情，但其實做走丟動物的溝通是難度很高的，因為他們一直都在移動，這讓我們瞭解到的可能是過去，也可能是現在。看到的也不一定就有明確的地標。

第一次和寶寶交流的時候，我們沒有過多的情感交流，只是一直都在通過他的視角，在看他周圍的環境，然後告訴飼主去這樣的地方去尋找。也讓狗狗不要離開那，再三叮囑他要注意安全。

其實對我而言，我覺得第一次的溝通是失敗的，因為飼主找到了這個地方，但是狗狗沒有找到。

第二次，我和寶寶算是認真的聊了點心事。

他走在一個像農村的水泥小路上，周邊都是綠色農作物。零星的自建的民宅在綠地中。人不多很安靜，空氣也挺好的。

可能我們都比較輕鬆，所以他第一次主動和我說他的內心。

他說他不想回去，想要自由。那個語氣，就像一個叛逆的小孩。好像因為受了氣後的賭氣。

接著說，在外面的感覺挺好的，覺得原來住的地方沒有什麼可以留戀的，他沒有活動的空間，住的地方貓狗很多，而他要好的朋友卻不在那裡，也沒什麼人關心他們。

當時我告知飼主的時候，飼主並沒有告訴我狗狗的真實的居住情況，只是表達自己對寶寶的愛，希望他能回來。之前因為自己工作太忙，所以忽略了他。

我覺得人和動物相處，就好比人和人之間的相處，一切感情都還是需要相互付出的。如果只在意自己的感受，自己的需求，沒有行動付出，另一方很少能做到長時間的付出不求回報的。

我把飼主的感受，都和寶寶說了以後，其實他有點心軟，說知道媽媽愛他。回去與否，他會考慮一下。說完他就走了，我們也就沒有道別。

他是隻有自己個性和思想，且固執的狗狗。

距第二次溝通後的一周，我和寶寶又認真的聊了一次。

我想這次的心意，應該是很明瞭了。

他讓我看到了他曾經生活的地方：是籠子，是欄杆，沒有活動的空間，偶爾會出去走走，但是也是有圍牆的地方。他並不快樂。也沒有看到飼主的身影。

他說，他其實討厭那裡，他覺得現在在外面雖然吃不飽，但是也不會餓著，有個婦女會定時餵他東西吃，他就睡在她的院子前。

他心情很輕鬆，感受到了輕快自在。雖然髒髒的，但是他並不在意這些。

當我和飼主證實他的生活環境時，飼主才和我說了所有的一切。其實他是一隻被救助的狗狗，從救助回來就長期都住在朋友的別墅裡，那裡寄養的貓狗很多，所以都是關著籠子。

偶爾工作人員會讓他們在院子裡運動一下，再回去，時間也很短，因為工作人員很忙。而飼主真正把狗狗放在身邊的時間只有三個月。雖然當兒子一樣愛抱抱，但後來還是因為工作突然太忙，又送回了之前寄養的別墅。也就送回去不久，寶寶就自己走丟了，再也沒有回來。

這一切在我看來只是一種自私的個人行為，為了自己的便捷，和自己情感的抒發。用自己認為對的方式，對待了動物，這並不是真正的愛，健康的愛。

愛是你得先花了時間去瞭解他，而且，他是一隻曾經流浪的動物，得讓他先感受到你對他的用心，感受到你愛的溫度不是嗎？

不然怎麼會在一隻狗狗心裡，連飼主的樣子都看不見呢？

當然飼主還是不停地說狗狗對他多重要，會一直繼續找他。希望還能再見到他。

當我傳達給寶寶這句話時，寶寶的回應瞬間讓我有點觸動和震驚。

「如果她能找到我，我會讓她看到，並且不會從她視線裡走開，如果她能堅持。」

如果她能找到……如果她能堅持……這句話，是狗狗的疑問嗎？

他的飼主是否能堅持不懈地去找他呢？我不知道。

但我知道一切的一切，都是相互的，人與人，人與動物，動物與動物，皆如此。

你的付出，他們都知道。他們對情感的感受比我們人類更敏感，也愛的更單純，付出的更無悔。

當然只要你給予的是適合他們天性的生活方式，盡可能避免強迫或者偏心，哪怕他們受一點點的委屈他們也絕不會記恨在心，因為他們愛著自己的飼主。

就在最後一次溝通後，我叮囑了飼主，讓她去我說的地方去貼尋狗啟示，撒網的貼，雖然那裡距離走失的家有一些距離，也希望她真的可以如溝通時說的：不會放棄。

好消息是貼了尋狗啟示的第二天，寶寶找到了，也確實在那個鄉間的民宅住著。那位婦人，也挺喜歡他。

交涉後，婦人歸還了寶寶。現在寶寶有了自己的活動空間，也可以時常和其他的狗狗一起打鬧玩耍。

當飼主告訴我這個消息的時候，我真的高興極了。也算是真的幫到了他們吧！我最後還是再次叮囑了飼主，希望她失而復得後，能如溝通時說的，能說到做到，真正的愛寶寶，給他活動的空間，能一起生活相處並且瞭解他。

好生活 018
動物溝通教我的事

主　　編 / 黃孟寅、彭渤程
撰　　文 / WenWen、陳秀梈、陳柔穎、彭爸、
方卡樂、葛琳、Jessica、黃心伶、Clover
共同企劃 / 澳門動物溝通協會、澳洲動物溝通辦事處 Animal Communication Australia Office、動物溝通東盟中心 S.E.A. animal communication association
美術設計 / Johnson

發行人兼總編輯 / 廖之韻
創意總監 / 劉定綱
執行編輯 / 錢怡廷

法律顧問 / 林傳哲律師 / 昱昌律師事務所

出　　版 / 奇異果文創事業有限公司
地　　址 / 台北市大安區羅斯福路三段 193 號 7 樓
電　　話 / （02）23684068
傳　　真 / （02）23685303
網　　址 / https://www.facebook.com/kiwifruitstudio
電子信箱：yun2305@ms61.hinet.net

總經銷 / 紅螞蟻圖書有限公司
地　　址 / 台北市內湖區舊宗路二段 121 巷 19 號
電　　話 / （02）27953656
傳　　真 / （02）27954100
網　　址 / http://www.e-redant.com

印　　刷 / 永光彩色印刷股份有限公司
地　　址 / 新北市中和區建三路 9 號
電　　話 / （02）22237072

初　　版 / 2021 年 2 月 8 日
ISBN / 978-986-99158-9-2
定　　價 / 新台幣 250 元

國家圖書館出版品預行編目 (CIP) 資料

動物溝通教我的事 / 黃孟寅主編 . -- 初版 . -- 臺北市 : 奇異果文創事業有限公司 , 2021.01
面 ;　公分 . -- (好生活 ; 18)
ISBN 978-986-99158-9-2(平裝)

1. 寵物飼養 2. 動物心理學

489.14　109022022